전·월세가 처음인 세입자가 꼭 알아야 할
부동산 상식사전

오봉원 지음 · 잡빌더 로울 기획

전·월세가 처음인
세입자가
꼭 알아야 할

부동산
세금
상식
사전

다온북스
DAON BOOKS

차례

PART I.

부동산 고수가 사회초년생에게
알려주는 부동산 상식

계약

PART

II.

부동산 고수가 사회초년생에게
알려주는 부동산 상식

주택 임대차 보호법

PART

III.

부동산 고수가 사회초년생에게
알려주는 부동산 상식

전세 사기

PART

IV.

부동산 고수가 사회초년생에게
알려주는 부동산 상식

세금

권말부록.

알면 알수록 돈이 되는 **부동산 상식**

당신의 세금 점수는 몇 점인가요?

이 책을 구매할지, 말지 망설이는 당신, 길게 고민하지 말고 다음 문제부터 풀어봅시다. 간단한 'O, X 형식' 퀴즈입니다. 너무 오래 생각하지 말고, 떠오르는 데로 1번부터 20번까지 문제에 O 또는 X에 체크만 하면 됩니다. 자, 이제 시작합시다.

문항	내용	O	X
1	내가 계약한 부동산중개업소가 2억 원짜리 공제에 가입했다면, 모든 사고에 대해서 2억 원의 보상을 해 준다.	☐	☐
2	등기부 등본은 크게 표제부, 갑구, 을구로 구성돼 있다. 이 중에서 을구만 꼼꼼히 보면 된다.	☐	☐
3	'계약일로부터 잔금 및 입주일자 다음 날까지 현재 상태의 등기부 등본의 권리 관계를 유지해야 한다. 잔금 및 입주일자 다음날까지 등기부 등본 권리 관계에 어떠한 권리변동이 발생할 경우, 임대인은 임차인에게 계약금을 즉시 배액 배상하고 계약을 해지하기로 한다.' 계약서 특약에 이런 문구를 넣어두면 좋다.	☐	☐

4	집주인이 바뀌었다고 해도 세입자는 기존 집주인과 작성했던 계약서의 효력이 유지된다.	☐	☐
5	역월세는 개인 간 거래라 표준거래양식이 있는 건 아니다. 집주인과 세입자 간 합의만 하면 되기 때문이다.	☐	☐
6	집을 보러온 신규 세입자에게 권리금을 요구했다. 그런데 집주인이 저의 권리금 거래를 인정할 수 없다고 한다. 이 경우 권리금 소송을 진행해 손해배상을 청구할 수 있다.	☐	☐
7	임대차계약을 위해 집주인 동의 없이도 체납 세금 존재 여부를 확인할 수 있다.	☐	☐
8	소액 임차인 우선 변제 제도에서 소액 임차인은 보증금 중 일정액을 다른 담보물권자보다 우선해 변제받을 권리가 있는 임차인이다. 집주인의 세금체납액에 대해서도 국세 채권보다 우선 변제받을 수 있다.	☐	☐
9	보증금을 지키기 위해서는 먼저 '대항력'부터 갖춰야 한다.	☐	☐
10	최초 계약 2년 이후 묵시적 갱신으로 계약이 연장됐다면 세입자는 묵시적 갱신 기간 이후에 1번의 갱신 요구권 기회가 아직 있다. 이후 집주인에게 갱신 요구권을 거절할만할 정당한 사유가 없다면 세입자는 최초 계약 기간을 포함 최대 6년의 거주기간을 보장받을 수 있다.	☐	☐
11	대표적인 전세 사기 유형인 깡통전세란 전세가격이 매매가격에 비슷하거나 더 높아진 상황에서 후속 세입자를 구하지 못한 채, 임대인은 보증금을 상환할 수 없다며 악의적으로 반환을 거부하는 것을 말한다.	☐	☐
12	시장에선 안전한 전세가율을 80% 정도로 보고 있다.	☐	☐
13	공시가격의 150%가 그 집의 시세라고 보면 됩니다. 그래서 그 범위 안의 가격으로만 전세를 들어가면 전세 사기를 예방할 수 있고 보증보험 가입도 가능하다.	☐	☐
14	임차권등기는 전월세 계약이 끝난 후에도 집주인이 보증금을 반환하지 않을 때, 세입자가 보증금 돌려받을 권리를 유지하기 위해 법원에 신청하는 거다. 이 등기를 마친 세입자는 이사를 나가더라도 대항력과 우선변제권이 유지된다.	☐	☐

15	전세보증보험에 가입해 있지도 않고, 집주인이 돈이 없다면서 세입자에게 전세보증금을 돌려주지 않는 경우, 집값이 보증금보다 낮다면 직접 낙찰을 받을 수도 있다.	☐	☐
16	올해 9월에 직장생활을 시작한 사회 초년생이다. 올해 7월부터 내년 6월까지 1년간 임차계약을 했다. 이번 연말정산에서는 7월부터 연말까지 낸 월세 모두 세액공제 가능하다.	☐	☐
17	부동산 중개비용도 연말정산 시 소득공제를 받을 수 있다.	☐	☐
18	주택마련저축 소득공제는 최대 연 300만 원까지 공제된다. 주택마련저축을 올해 중 중도 해지해도 공제받을 수 있다.	☐	☐
19	주택 전세대출 소득공제는 이자 납부액뿐만 아니라 원금상환액으로 지출된 금액까지 한도 없이 소득공제가 된다.	☐	☐
20	부모 명의 집에서 자식이 무상으로 거주해도 증여세가 발생할 수 있다.	☐	☐

수고했습니다. 답은 뒷장에 있습니다.

정답

1번	X	11번	O
2번	X	12번	X
3번	O	13번	X
4번	O	14번	O
5번	O	15번	O
6번	X	16번	X
7번	O	17번	O
8번	O	18번	X
9번	O	19번	X
10번	O	20번	O

'정답 수 × 5점'을 해 여러분의 점수를 계산해봅시다. 나온 점수가 50점이 안 되면 즉시 이 책을 구매해 읽어봅시다. 부동산은 아는 만큼 보이고, 소중한 보증금을 지켜야 하기 때문입니다.

우리는 사회초년생 시절부터 신혼부부에서 중장년에 이르기까지 살아가는 동안 부동산 거래를 합니다. 세 들어 살아가다, 내 집을 마련하고, 다시 투자를 통해 부를 늘리기 위한 수단으로 반드시 부동산 거래를 직접 한다는 말입니다. 그런데 막상 계약서를 쓰고 큰돈이 오가는 과정을 떠올리면 갑갑해집니다. 수두룩한 낯선 용어, 세금이나 규제는 아무리 찾아봐도 도통 무슨 말인지 이해할 수가 없습니다. 이처럼 어찌할 바를 모르는 부동산 초보를 위해 거래 과정을 차근차근 알기 쉽게 설명하는 책이 있다면 어떨까요?

잊을만하면 전세 사기로 보증금 피해를 봤다는 뉴스가 올라오는 것 같습니다. 이런 소식들을 듣다 보면 '내 전세 계약은 안전할까?' '새 계약을 체결해야 하는데 괜찮을까?'하는 생각들이 들 수밖에 없습니다.

전세 사기를 방지하기 위해서는 몇 가지 주의사항들을 꼭 지켜야 합니다. 중개인 입회하에 집주인과 직접 계약을 맺고 집주인의 신분증을 확인하는 것, 보증금을 집주인 계좌로 보내는 등의 절차는 기본입니다. 또 해당 건물의 실제 주인을 확인할 수 있고, 근저당권 역시 파악할 수 있는 등기부 등본을 꼭 떼봐야 합니다. 더불어 공인중개사를 통해 계약하려는 주택이 전세금 반환 보증보험 가입이 가능한지도 꼭 체크해 봐야 합니다.

그리고 계약 당시에 시세를 꼭 확인해야 합니다. 아파트와 달리 빌라나 원룸 같은 경우에는 시세가 드러나지 않는 경우가 많습니다. 시세보다 전세보증금이 싸다는 말만 믿고 계약했다가, 나중에 알고 보니 시세보다 보증금이 더 비싼 '깡통전세'일 수 있으니 주의해야 합니다.

또 집이 나중에 경매에 들어갔을 때의 낙찰가로 내 보증금이 다 반환될 수 있는지에 대한 판단이 중요합니다. 중개업자가 말하는 시세를 그대로 믿지 말고 경매 현황 등을 통해 비슷한 집들이 경매에 나왔을 때 실제 얼마에 낙찰되는지 볼 필요가 있습니다.

이사를 하고 난 뒤에는 바로 전입신고를 하고 임대차계약서에 날짜가 기재된 도장을 찍어 확정일자를 받아둬야 합니다. 전입신고를 해 대항력을 갖추면 집주인이 바뀌어도 임차인의 권리를 유지할 수 있고, 확정일자를 통해서 변제 순서가 정해진다는 사실은 기본적으로 알고 있어야 합니다.

《전·월세가 처음인 세입자가 꼭 알아야 할 부동산 상식사전》은 부동산 상식이 전혀 없는 초보자도 쉽게 이해할 수 있도록 구성했습니다. 실제 부동산을 계약하는 과정에서 꼭 알아야 할 콘텐츠 위주로 실려 있습니다. 이 책을 통해 평생의 필수 과목인 부동산에 대한 궁금증을 해결하고, 여러분이 원하는 정보를 얻어 소중한 재산을 지키거나 늘릴 수 있을 거라 확신합니다.

특히 학교 졸업 후 경제 활동을 시작하는 사회 초년생에게 초점을 맞췄습니다. 부모에게서 독립하면 제일 먼저 살 집부터 구해야 합니다. 보통 전월세로 시작하는데, 세입자는 집을 구할 때나 계약할 때를 비롯해 실제로 주거하며 갖은 고충이 따릅니다. 이럴 때일수록 정확한 지식과 자료를 기반으로 한 침착한 판단이 필요합니다. 이런 시기에《전·월세가 처음인 세입자가 꼭 알아야 할 부동산 상식사전》이 가장 적합하다고 자신합니다.

PART
I

부동산 고수가
사회초년생에게 알려주는
부동산 상식

계약

01

부동산 중개업소 이용 시, 이것 주의하자

- 내가 계약한 부동산중개업소가 2억 원짜리 공제에 가입했다면, 모든 사고에 대해서 2억 원의 보상을 해 준다.

👉 이 문장은 X입니다. 내가 계약한 부동산중개업소가 2억 원짜리 공제에 가입했다고 해서 모든 사고에 대해서 2억 원의 보상을 해 주는 건 아닙니다. 공제증서에 기재된 공제가입금액이 손해를 입은 중개의뢰인이 협회로부터 보상받을 수 있는 손해배상액의 총 합계액이기 때문입니다. 가령 1년 동안 사고가 10건 터지면 한도 2억 원을 10명이 나눠 받는다는 말입니다.

집을 구할 때는 직거래가 아닌 이상 부동산 매물 광고 어플을 보고 부동산 중개업소에 전화하는 것이 일반적인 패턴입니다. 사회초년 생처럼 경험이 부족한 젊은 세대는 임대차 매물과 관련한 정보를 제공해주는 다방, 직방, 피터팬 등 부동산 매물 광고 어플과 중개인에게 지나치게 의지하는 경우가 많습니다.

부동산 매물 광고 어플 속 매물이 허위매물인지 아닌지 구별하기 어렵다는 것이 문제입니다. 다방이나 직방 같은 부동산 광고 어플에서 턱없이 낮은 보증금과 월세 그리고 가성비 좋아 보이는 방처럼 보이는 매물은 허위매물일 가능성이 매우 큽니다. 이런 허위매물로 유혹해 계약을 강요하는 때도 있으니 주의해야 합니다.

다방, 직방, 피터팬 등을 볼 때 팁을 하나 말하자면 클릭한 매물의 상세내용 페이지에 소속 공인중개사 홍길동 010-1234-5678이라는 문구가 있거나 소장 홍길동 010-1234-5678이라는 문구가 있으면 공인중개사 자격증을 취득한 사람이 광고를 올렸다고 보면 됩니다. 하지만 위 내용처럼 소속 공인중개사나 소장 그리고 개인 휴대폰 전화번호가 아닌 사무실 전화번호가 적혀 있다면 중개보조원이 해당 매물을 광고하고 있을 가능성이 매우 큽니다. 그리고 다방, 직방 등 어플을 이용하는 것도 좋지만, 네이버부동산에 광고 중인 매물도 같이 비교해 볼 필요가 있습니다. 실무적으로 어플리케이션에 비해 네이버부동산은 허위매물이 잘 없기 때문입니다.

부동산중개업 허가를 받은 중개업소이면서 공인중개사 자격증을 가진 정식 중개사가 개업한 곳이 정상적인 중개업소입니다. 직접 가

보면 알 수 있습니다. 공인중개사 자격증을 취득하고 정상적으로 개업을 한 곳은 간판이 '○○ 공인중개사 사무소' 또는 '○○ 부동산중개'라는 문구가 간판에 있습니다. 그런데 공인중개사무소로 등록되지 않은 곳은 상호가 '○○ 컨설팅', '○○ 부동산연구소' 등으로 돼 있거나 사무소에 허가증이 보이지 않습니다. 허가증이 붙어 있다면 대표자 성명, 허가번호, 인장 등이 명시돼 있는지 보면 됩니다.

Q 허가증을 위조할 수도 있지 않나요?

A 만약 그런 의심이 든다면 '한국공인중개사협회' 홈페이지에 접속해 영업 중인 개업공인중개사를 검색할 수 있습니다. 간판 이름과 허가증 이름이 일치하는지 확인할 수 있습니다.
공인중개사 자격증이 있는지도 봐야 합니다. 중개업소를 개업하려면 국가가 인정한 공인중개사 자격증을 취득하고 실무교육을 이수해 구청에 개업공인중개사 등록을 해야 합니다.

대부분 중개사가 직접 중개업소를 운영하지만, 가족 중 한 명이 자격증을 따고 중개업은 가족 등이 할 때도 있습니다. 중개보조원이 계약과 관련한 중요 업무를 수행하는 '불법' 사례도 판을 칩니다.

Q 공인중개사 아닌 중개보조원을 통해 임대차계약을 체결하면 어떤 불이익이 있나요?

A 원칙적으로 중개보조원을 통한 부동산 계약은 불법입니다. 중개

사라고 사칭하고 계약을 부추겼다면 깡통전세 등 전세 사기 물건일 가능성도 있습니다.

중개보조원과 공인중개사는 전혀 다릅니다. 공인중개사법 제2조에 따르면 중개보조원은 개업공인중개사에 소속돼 중개대상물에 대한 현장 안내나 일반 서무 등 단순 업무보조 역할만 해야 합니다. 자격증이 없으므로 직접 계약서를 작성하거나 계약 내용을 설명해서도 안 됩니다. 만약 중개보조원이 직접 물건을 중개하거나 공인중개사라고 사칭하면 1년 이하 징역 혹은 1,000만 원 이하 벌금형에 처합니다.

그런데 실무적으로 중개업소에 중개사는 소수만 있고 많게는 수십 명의 중개보조원을 고용해서 사실상 중개업무와 계약까지도 중개보조원이 하는 경우가 많습니다. 여러 '빌라왕' 사태에서도 중개보조원이 적극적으로 사기에 가담하면서 위험성이 드러난 바 있습니다.

더불어 공인중개사 자격증이 없는 중개보조원은 이직 가능성도 크고 그만두는 일도 빈번합니다. 계약 만기 시 궁금한 사항이 생겼을 때, 또는 해당 집에 문제가 생겼을 때, 계약한 부동산 중개업소 담당자와 의견을 나누고 해결해야 하는데 당시 계약한 중개인이 없다면 곤란한 상황에 처할 수가 있습니다.

그리고 공인중개사는 민법, 중개사법 등 법을 공부해서 얻은 자격증이 있으므로 법 테두리 안에서 정확히 설명하고 계약을 진행하려고 합니다. 자칫 잘못하면 고생해서 얻은 자격증이 정지되거나 취소될 수도 있기 때문입니다. 하지만 중개보조원은 그렇지 않습니다. 중개보조원은 협회에서 4시간 교육(사이버교육 대체 가능)만 받으면 누구나 등록 가능합니다. 임대차계약 관련 전문성이 없고 책임이나 의무도 없습니다. 만약 명함에 '○○ 공인중개사'가 아닌 '○○ 팀장', '○○ 과장' 등으로만 표시돼 있을 땐 중개보조원일 가능성이 큽니다. 이럴 때는 국가공간정보포털 홈페이지 (브이월드, www.vworld.kr)에 접속해 '부동산중개업 조회'를 하면 해당 중개업소의 소속 공인중개사와 중개보조원 명단을 확인할 수 있습니다.

그리고 중개업소가 공제증권에 가입돼 있는지도 중요합니다. 공인중개사법에 따라 개업공인중개사는 손해배상책임을 보장하기 위해 공인중개사협회의 공제증권에 가입해야 합니다. 일종의 '보험' 성격입니다. 만약 중개인의 부동산중개 행위 과정에서 고의 또는 과실로 인해 거래당사자에게 재산상의 손해를 발생하게 했을 경우 보상한도 내에서 거래당사자는 보상을 받을 수 있습니다.

해당 공제에 가입된 중개업소는 임대차계약을 체결하면 계약자에게 공제번호, 등록번호, 공제금액, 공제기간 등이 기재돼 있는 공제증서를 줍니다. 종전에는 공제가입금액이 1억 원 이상(법인 2억 원 이상)이었지만 2023년부터는 2억 원 이상(법인 4억 원 이상)으로 확대됐습니다.

다만 내가 계약한 부동산중개업소가 2억 원짜리 공제에 가입했다고 해서 모든 사고에 대해서 2억 원의 보상을 해 주는 건 아닙니다. 공제증서에 기재된 공제가입금액이 손해를 입은 중개의뢰인이 협회로부터 보상을 받을 수 있는 손해배상액의 총 합계액이기 때문입니다. 가령 1년 동안 사고가 10건 터지면 한도 2억 원을 10명이 나눠 받는다는 의미입니다.

1년 동안 중개사고가 딱 1건 발생했다고 해도 과실 비율에 따라 배상금이 결정되기 때문에 사고 난 금액 전액을 보상받긴 어렵습니다. 만약 중개업자의 과실로 임차인이 2억 원의 손해를 봤다고 해도 손해배상 청구 결과 중개인의 과실이 절반 정도라는 판결을 받았다면 배상금액은 약 1억 원이 되는 것입니다.

또 보증 기간이 지난 공제증서는 효력이 없으므로 보증 기간도 살펴야 합니다. 배상을 받으려면 중개사의 고의성과 과실 등을 입증할 수 있는 자료가 있어야 하니 혹시 모를 사고를 대비해 계약 문구 등을 꼼꼼히 확인할 필요도 있습니다.

02

안전한 집,
어떻게 판단할 수 있을까?

• 등기부 등본은 크게 표제부, 갑구, 을구로 구성돼 있다. 이 중에서 을구만 꼼꼼히 보면 된다.

☞ 이 문장은 X입니다. 갑구에는 소유권에 관한 각종 권리 사항이, 을구에는 소유권 이외의 권리에 관한 사항이 나와 있습니다. 갑구에는 소유권에 관한 가압류, 가처분, 가등기, 경매개시결정 등이 나와 있으며 을구에는 전세권, 저당권, 근저당권 등이 나와 있습니다. 소유권을 목적으로 한 권리인 경매개시결정은 갑구에 나오기 때문에 을구만 중요하게 봐서는 안 됩니다. 만약 갑구에 가압류, 가처분, 가등기 등이 설정되어 있다면 언제 소유권이 제 3자에게 넘어갈지 모르는 상황이므로 갑구에 소유

권 이외의 권리가 등기되어 있다면 피하는 게 상책입니다. 을구에는 근저당권, 전세권 등이 나타나 있으며 근저당권 대출금액이 과하게 많으면 이자를 감당하지 못해 추후 집이 경매로 넘어갈 가능성이 큽니다.

Q 전세 살던 집이 경매로 넘어갔습니다. 집주인이 집을 담보로 받은 대출을 갚지 못했다고 합니다. 전세 계약할 때 집에 대출이 있다는 소리는 들었지만, '집주인이 곧 갚을 거니 걱정하지 않아도 된다'라는 중개업소 말만 믿었는데. 경매에서 집이 팔리면 제 보증금 돌려받을 수 있나요?

A 임대차계약에 대한 지식이나 경험이 부족한 사회초년생들이 종종 겪는 일입니다. 계약할 집이 안전한지 객관적으로 판단하지 못하니 집주인이나 공인중개사의 말만 믿고 덥석 계약하는 실수가 생기는 겁니다. 이 경우 집도 잃고 돈도 잃는 최악의 상황을 맞을 수 있습니다. 선순위 근저당권 채권최고액에 따라 보증금을 전부 또는 일부만 돌려받을 수도 있고 한 푼도 못받을 수도 있습니다. 우선 계약 당시에 작성했던 계약서를 꼼꼼하게 들여다볼 필요가 있습니다. 계약서에 서명 및 날인되어있는 개업공인중개사 또는 소속공인중개사가 계약을 직접 진행했는지와 계약서 내용과 확인설명서 내용에 근저당권 설정 금액을 세입자에게 제대로 설명하고 기재되어 있는지를 한번 확인해보길 바랍니다.

Q 그렇다면 계약할 집이 안전한지, 아닌지 어떻게 판단할 수 있나요?

A 이에 대한 답은 '등기부 등본'에 있습니다. 등기부 등본은 집주인이 누구인지, 어떤 집인지, 집을 담보로 얼마나 돈을 빌렸는지 등이 적힌 공적 장부입니다. 따라서 세입자라면 전셋집이나 월셋집을 구할 때 반드시 확인해야 하는 서류입니다. 그런데 이제 갓 독립한 사회초년생들이 이를 간과하는 경우가 많습니다. 내가 계약할 집의 정보는 등기부 등본을 봐야 정확히 알 수 있으므로 반드시 확인해야 합니다. 인터넷등기소에 상세주소를 넣고 수수료 700원(열람)·1000원(발급)만 내면 누구나 볼 수 있습니다. '등기사항전부증명서'라고 불리는 서류로 건물의 주인이 진짜인지 구매한 건물이 나중에 혹시 잘못되어 다른 사람에게 소유권이 넘어갈 요인은 없는지 확인할 수 있는 든든한 증명서라고 생각하면 됩니다.

부동산 중개업소에서 해당 물건에 대해 등기부 등본을 출력해 줄 때도 있지만, 주의해서 봐야 할 부분은 세입자가 직접 확인할 줄 알아야 합니다. 등기부 등본은 크게 표제부, 갑구, 을구로 구성돼 있습니다. 표제부는 건물의 표시(주소, 용도, 면적 등)를, 갑구는 해당 물건의 소유권에 관한 사항을, 을구는 해당 물건의 소유권 이외의 각종 권리 사항을 나타냅니다.

갑구는 해당 물건의 실소유자가 누구인지 나타내기 때문에 임대차계약을 할 때 임대인과 갑구에 표기된 실제 소유주가 일치하는지 확인해야 합니다. 만약 임대인을 대리해서 제 3자가 대리로 계약하러 왔다면 부동산 계약 위임장, 임대매도인 신분증, 대리인 신분증, 임대인의 인감증명서와 인감증명서 상의 도장이 실제 계약서에 날인되는 도장이 맞는지 확인해야 합니다. (위임장에도 임대인의 인감도장이 날인되어야 합니다.)

참고로 부동산 중개업소에서는 등기부 등본을 발급해서 세입자에게 교부할 때 대부분 현재 유효사항만 기재되어 나올 수 있도록 발급해주고 있습니다. 그런데 등기부 등본을 발급할 때 말소사항포함이 기재되어 나올 수 있도록 발급을 요청하면 해당 물건의 소유권 변동이나 대출금 상환한 내역 등 모든 권리 관계의 이력을 볼 수 있습니다. 등기부 등본을 말소사항포함으로 보게 되면 현재 소유주가 언제 이 물건을 취득했고 대출은 언제 받고 갚았는지. 이전에 가압류, 경매 이력 등 어떤 권리침해가 있었는지도 다 파악할 수 있습니다, 이렇게 해당 물건의 과거 이력까지 파악해 두면 계약하는 데 도움이 될 수 있습니다.

가장 중요하게 봐야 하는 건 바로 '을구'입니다. 안전한 집인지, 아닌지를 판단할 수 있기 때문입니다. 을구는 해당 물건을 담보로 한 근저당, 전세권 등 각종 권리 사항이 나와 있습니다. 근저당(빚)이 과하게 많으면 추후 집이 경매로 넘어갔을 때 보증금을 제대로 돌려받지 못할 수도 있고 경매에 넘어갈 가능성이 큽니다. 근저당이 없거나 비율이 낮은 집에 들어가야 하는 이유입니다. 근저당권 채권 최고액을 보면 됩니다. 이는 소유자가 집을 구매 당시 또는 소유하면서 실행한 대출로 가장 흔한 게 주택담보대출입니다. 은행에선 통상 실제 대출금액의 120~130%를 채권최고액으로 설정합니다. 가령 120%를 적용한 근저당권 채권최고액이 2억 4,000만 원이라면 실제 빌린

대출 금액은 2억 원입니다.

Q 그럼 근저당권 비율이 얼마나 되어야 안전하다고 보나요?

A 물론 빚이 없다면 가장 좋지만, 채권최고액과 내 전세금을 합한 금액이 주택 매매가의 70~80%일 때 안전하다고 생각하면 됩니다. 가령 집 매매가가 4억 원이고 내 전세금이 1억 원일 때, 해당 집의 채권최고액이 1억 8,000만 원 이하라면 안전한 것입니다. 집이 경매로 넘어가면 보통 매매가의 80% 정도로 낙찰되기 때문입니다.

만약 아파트가 오래됐거나 부동산 경기가 안 좋을 때는 유찰돼서 더 낮은 가격에 팔릴 수도 있습니다. 빌라나 노후 아파트 전세로 들어간다면 '채권최고액 + 내 전세금'을 매매가의 60%~70% 이하로 더 보수적으로 잡아야 합니다. 제일 좋은 방법은 근저당이 없는 물건을 계약하거나 근저당이 있다 하더라도 잔금일 이전에 모두 말소하는 조건의 집을 찾는 것입니다.

보통 잔금일에 전세금을 받아 근저당을 말소하는 조건으로 계약을 많이 진행하지만, 최근에는 정부의 전세대출 규제도 강화되면서 시중은행에서는 잔금일 당일 근저당말소조건이라면 대출을 거부하는 경우가 많습니다. 그 이유는 당일에 잔금을 받고 대출금을 갚지 않게 되면 은행입장에서는 대출사고가 일어나기 때문입니다. 이런 이유로 최근 은행에서는 1~2주일 전에 근저당 말소를 먼저 해오라고 요구하기도 합니다. 세입자 편에서는 오히려 잔금일 이전에 임대인이 근저당을 말소하는 것이 더 안전합니다.

만약 임대인과 은행 그리고 임차인이 잔금일에 근저당을 말소하는 조건으로 합의하고 계약했다면, 잔금 지급일에 공인중개사와 임대인을 함께 만나 은행에서 잔금을 입금하고 그 은행에서 바로 근저당을 갚는 것을 두 눈으로 확인해야 합니다. 만약 임대인이 잔금일 당일에 나타나지 않거나 어떠한 이유로 만나서 바로 근저당을 갚는 것에 협조하지 않는다면 잔금을 절대 지급해서는 안 됩니다.

여기서 잠깐! 갑구에 가압류, 가등기, 가처분 등이 있으면 집이 언제 경매에 넘어갈지 모르는 상황이기 때문에 피하는 게 상책입니다. 갑구는 소유권에 관한 사항이 명시되어 있는데, 소유권에 관해 가압류, 가등기, 가처분, 경매개시결정 등 권리가 있는 경우는 매우 위험할 수 있습니다.

Q 만약 갑구에 가압류, 가처분, 가등기, 경매개시결정이 기입 되어있는 매물이 마음에 든다면 어떻게 해야 하나요?

A 보증금 없이 계약하는 단기 계약을 추천합니다. 경매개시결정이 되어있는 경우에는 등기부 등본에 나와 있는 관한 법원 경매계에 전화해서 사건번호를 불러주고 언제 첫 입찰기일이 잡힐 예정인지 물어보는 게 좋습니다. 첫 입찰기일이 잡히는 시점에 따라 1개월 또는 3개월, 6개월 이렇게 단기 계약을 하는 게 좋습니다. 임차인은 어쨌든 보증금이 중요한데 보증금 없이 계약하는 것이라면 경매개시결정이 있더라도 잃을 게 없습니다. 대신 언제 나가

야 하는 그런 불안감이 있을 수도 있지만, 이 부분을 법원 경매계에 전화해서 첫 입찰기일을 확인 후 계약한다면 그런 불안감도 지울 수 있습니다. 그리고 을구에 만약 임차권등기명령이 있다면, 임대인이 임차인의 보증금을 돌려주지 못했다는 뜻입니다. 그러므로 임차권등기명령이 있는 물건을 계약하고 싶다면 더더욱 보증금 없이 계약해야 세입자 편에서 보증금 회수에 대한 걱정을 덜 수 있습니다.

'신탁' 물건도 주의해야 합니다. 갑구 소유자 항목에 '신탁'이라고 표기돼 있으면 건물의 소유권이 신탁 회사에 있다는 말입니다. 신탁 부동산은 신탁 회사와 거래를 해야 하는데 신탁사의 임대차 동의서를 교부 받는 조건으로 위탁자(부동산을 담보로 돈을 빌리고 소유권을 맡긴 사람)와 계약할 수 있습니다. 이를 잘 모르고 신탁사의 임대차 동의서 없이 계약하면 계약이 무효가 되면서 의도치 않게 '불법 점유자'가 될 수 있습니다. 신탁 물건의 경우 신탁 원부를 따로 떼서 우선수익금액이 얼마나 있는지 파악하고 임대차계약 권한이 누구에게 있는지 확인해야 합니다. 그리고 신탁사의 임대차 동의서가 교부되더라도 본 물건이 공개 매각 시 임차인은 최우선변제를 받을 수 없습니다. (단, 신탁사의 임대차 동의서에 임차인이 신탁 등기된 부동산의 우선수익금액보다 우선하여 최우선변제금을 지급한다는 내용이 있으면 가능하지만, 현실적으로 이 내용을 기입해 주는 신탁사는 없습니다.)

신탁등기된 월세 물건은 피하는 게 상책이고, 전세 물건은 잔금일 7일~14일 이전에 신탁등기를 말소하고 근저당 말소하는 조건으로 계약하는 것이 좋습니다. 만약 신탁 등기된 물건(월세)이 너무 마음에 들면 보증금을 1년 치 합산 월세 이하로 보증금을 지급하고 본 물건이 공개 매각 시 낙찰될 때까지 월세를 지급하지 않는 금액으로 보증금을 상계처리 해야 하는 것이 최선의 방법입니다. 가령 신탁 등기된 부동산의 보증금이 1,000만 원이고 월세가 70만 원이라면 보증금을 500만 원으로 조절해달라고 집주인에게 요구해봅시다. 신탁 등기된 월세 물건은 계약이 잘되지 않는 편이라 임대인이 보증금과 월세를 조율해줄 가능성이 아주 큽니다.

이렇게 등기부 등본을 꼼꼼히 따져봤다고 해도 끝이 아닙니다. 입주 전 임대인이 추가로 대출을 받거나 소유권을 넘길 수도 있기 때문입니다. 이에 계약 전, 계약 후, 잔금 전, 잔금 후 총 4번 등기부 등본을 떼보고 변경 사항이 없는지 확인해야 합니다.

물론 등기부 등본만 들여다본다고 무조건 전세 사기를 피할 수 있는 건 아닙니다. 등기부 등본으로 세금 체납, 과거 압류 이력, 악성 임대인 정보까진 알 수 없습니다. 계약 이후 집주인이 바뀔 수도 있기 때문입니다. 하지만, 등기부 등본이야말로 전세 계약에서 가장 처음 두드려봐야 할 돌다리인 만큼 까다롭게 살펴볼 필요가 있습니다.

그리고 계약 당시 임대인의 국세, 지방세 납세증명서와 계약하는 해당 호실의 전입세대 확인서, 확정일자 부여현황을 함께 확인하고 싶으니 부동산 중개업소에 임대인분의 위 서류를 함께 첨부해서 와달라고 요청하면 더 좋습니다.

03

계약서 특약에
이런 문구를 넣어두면 좋다

• '계약일로부터 잔금 및 입주일자 다음 날까지 현재 상태의 등기부
등본의 권리 관계를 유지해야 한다. 잔금 및 입주일자 다음날까지
등기부 등본 권리 관계에 어떠한 권리변동이 발생할 경우, 임대인
은 임차인에게 계약금을 즉시 배액 배상하고 계약을 해지하기로
한다.' 계약서 특약에 이런 문구를 넣어두면 좋다.

　　☞ 이 문장은 O입니다. 특약 사항을 기재할 때는 신중해야 하며, 자신
에게 불리한 내용이 없는지 다시 한번 확인해보고, 애매한 점이 있으면
주위 사람들에게 물어본 후에 신중히 작성해야 합니다. '계약일로부터
잔금 및 입주일자 다음 날까지 현재 상태의 등기부 등본을 유지해야 하

며, 근저당 포함 다른 대출 설정은 하지 않는다. 이를 이행하지 않으면 임대인은 임차인에게 계약금을 배액 배상하고 계약을 해지하기로 한다.' 특약 사항에 이런 문구를 넣어두면 좋습니다.

Q 임대차계약서 작성 시 세입자가 알아야 할 사항은 무엇인가요?

A 먼저 계약하러 갈 때 챙겨야 할 준비물은 다음과 같습니다.

- 세입자(임차인) : 도장, 주민등록증(또는 운전면허증)
- 집주인(임대인) : 도장, 주민등록증

만약 도장을 가지고 나오지 않았다면 지장(손도장) 또는 서명도 가능합니다. 계약서를 컴퓨터로 작성해서 출력한다 해도 집주인, 세입자 이름은 직접 손으로 적는 게 좋습니다. 법무부에서 제공하는 '주택임대차 표준계약서'를 이용하면 됩니다. 주택임대차 표준계약서에 관한 설명은 다음 페이지와 같습니다.

주택임대차표준계약서

❶ ☐보증금 있는 월세
☐전세 ☐월세

❷ 임대인(   )과 임차인(   )은 아래와 같이 임대차 계약을 체결한다

❸ [임차주택의 표시]

소 재 지	(도로명주소)			
토 지	지목		면적	㎡
건 물	구조·용도		면적	㎡
임차할부분	상세주소가 있는 경우 동·층·호 정확히 기재		면적	㎡
계약의종류	☐ 신규 계약		☐ 합의에 의한 재계약	
	☐「주택임대차보호법」제6조의3의 계약갱신요구권 행사에 의한 갱신계약			
	* 갱신 전 임대차계약 기간 및 금액			
	계약 기간: . . . ~ . . . 보증금: 원, 차임: 월 원			

❹ 미납 국세·지방세	❺ 선순위 확정일자 현황	❻ 확정일자 부여란
☐ 없음 (임대인 서명 또는 날인 ____㉑)	☐ 해당 없음 (임대인 서명 또는 날인 ____㉑)	※ 주택임대차계약서를 제출하고 임대차 신고의 접수를 완료한 경우에는 별도로 확정일자 부여를 신청할 필요가 없습니다.
☐ 있음(중개대상물 확인·설명서 제2쪽 II. 개업공인중개사 세부 확인사항 '⑨ 실제 권리관계 또는 공시되지 않은 물건의 권리사항'에 기재)	☐ 해당 있음(중개대상물 확인·설명서 제2쪽 II. 개업공인중개사 세부 확인사항 '⑨ 실제 권리관계 또는 공시되지 않은 물건의 권리사항'에 기재)	

❼ [계약내용]

제1조(보증금과 차임 및 관리비) 위 부동산의 임대차에 관하여 임대인과 임차인은 합의에 의하여 보증금과 차임 및 관리비를 아래와 같이 지불하기로 한다.

보 증 금	금 원정(₩)		
계 약 금	금 원정(₩)은 계약시에 지불하고 영수함. 영수자 (인)		
중 도 금	금 원정(₩)은 ____년 ____월 ____일에 지불하며		
잔 금	금 원정(₩)은 ____년 ____월 ____일에 지불한다		
차임(월세)	금 원정은 매월 일에 지불한다(입금계좌:)		
관 리 비	(정액인 경우) 총액 금 원정(₩)		
	월 10만원 이상인 경우 세부금액 기재		
	1. 일반관리비 금 원정(₩)	2. 전기료 금 원정(₩)	
	3. 수도료 금 원정(₩)	4. 가스 사용료 금 원정(₩)	
	5. 난방비 금 원정(₩)	6. 인터넷 사용료 금 원정(₩)	
	7. TV 사용료 금 원정(₩)	8. 기타관리비 금 원정(₩)	
	(정액이 아닌 경우)		
	관리비의 항목 및 산정방식을 기재(예: 세대별 사용량 비례, 세대수 비례)		

❽ **제2조(임대차기간)** 임대인은 임차주택을 임대차 목적대로 사용·수익할 수 있는 상태로 ____년 ____월 ____일까지 임차인에게 인도하고, 임대차기간은 인도일로부터 ____년 ____월 ____일까지로 한다.

❾ **제3조(입주 전 수리)** 임대인과 임차인은 임차주택의 수리가 필요한 시설물 및 비용부담에 관하여 다음과 같이 합의한다.

수리 필요 시설	☐ 없음 ☐ 있음(수리할 내용:)
수리 완료 시기	☐ 잔금지급 기일인 ____년 ____월 ____일까지 ☐ 기타 ( )
약정한 수리 완료 시기까지 미 수리한 경우	☐ 수리비를 임차인이 임대인에게 지급하여야 할 보증금 또는 차임에서 공제 ☐ 기타( )

출처: 법무부 자료실 (https://www.moj.go.kr/moj/315/subview.do)

주택임대차 표준계약서 설명

❶ 계약 종류 표시

□ 보증금 있는 월세, □ 전세, □ 월세 (해당 칸 체크)

❷ 임대인(집주인)과 임차인(세입자) 이름

임대인과 임차인 각자의 주민등록상의 이름과 같은지 확인, 임대인의 이름은 등기사항전부증명서와 건축물대장의 이름과 일치하는지 확인합니다. 건축물대장에 소유주가 다르더라도 걱정할 필요는 없습니다. 소유주에 관한 사항은 등기사항전부증명서가 기준이기 때문입니다. 간혹 등기사항전부증명서와 건축물대장상 소유주가 다르면 등기사항 전부증명서를 통해 임대인 일치여부를 확인하면 됩니다.

❸ 임차주택의 표시

세를 얻고자 하는 집의 주소와 동·호수, 집이 지어져 있는 토지의 지목과 면적, 집의 구조, 용도(등기사항전부증명서상이 아니라 건축물대장과 토지대장의 내용을 기준으로 기재해야 함)

❹ 미납국세

임대인에게 밀린 국세가 있는지 확인하여 그 사실 여부 기재합니다.

❺ 선순위 확정일자 현황

먼저 입주한 임차인이 있는 경우, 해당 임차인들의 보증금 액수와 확정일자 부여 여부를 임대인에게 확인하여 그 사실을 기재합니다. (다가구주

⑩ 제4조(임차주택의 사용·관리·수선) ① 임차인은 임대인의 동의 없이 임차주택의 구조변경 및 전대나 임차권 양도를 할 수 없으며, 임대차 목적인 주거 이외의 용도로 사용할 수 없다.

② 임대인은 계약 존속 중 임차주택을 사용·수익에 필요한 상태로 유지하여야 하고, 임차인은 임대인이 임차주택의 보존에 필요한 행위를 하는 때 이를 거절하지 못한다.

③ 임대인과 임차인은 계약 존속 중에 발생하는 임차주택의 수리 및 비용부담에 관하여 다음과 같이 합의한다. 다만, 합의되지 아니한 기타 수선비용에 관한 부담은 민법, 판례 기타 관습에 따른다.

임대인부담	(예컨대, 난방, 상·하수도, 전기시설 등 임차주택의 주요설비에 대한 노후·불량으로 인한 수선은 민법 제623조, 판례상 임대인이 부담하는 것으로 해석됨)
임차인부담	(예컨대, 임차인의 고의·과실에 기한 파손, 전구 등 통상의 간단한 수선, 소모품 교체 비용은 민법 제623조, 판례상 임차인이 부담하는 것으로 해석됨)

④ 임차인이 임대인의 부담에 속하는 수선비용을 지출한 때에는 임대인에게 그 상환을 청구할 수 있다.

제5조(계약의 해제) 임차인이 임대인에게 중도금(중도금이 없을 때는 잔금)을 지급하기 전까지, 임대인은 계약금의 배액을 상환하고, 임차인은 계약금을 포기하고 이 계약을 해제할 수 있다.

제6조(채무불이행과 손해배상) 당사자 일방이 채무를 이행하지 아니하는 때에는 상대방은 상당한 기간을 정하여 그 이행을 최고하고 계약을 해제할 수 있으며, 그로 인한 손해배상을 청구할 수 있다. 다만, 채무자가 미리 이행하지 아니할 의사를 표시한 경우의 계약해제는 최고를 요하지 아니한다.

제7조(계약의 해지) ① 임차인은 본인의 과실 없이 임차주택의 일부가 멸실 기타 사유로 인하여 임대차의 목적대로 사용할 수 없는 경우에는 계약을 해지할 수 있다.

② 임대인은 임차인이 2기의 차임액에 달하도록 연체하거나, 제4조 제1항을 위반한 경우 계약을 해지할 수 있다.

제8조(갱신요구와 거절) ① 임차인은 임대차기간이 끝나기 6개월 전부터 2개월 전까지의 기간에 계약갱신을 요구할 수 있다. 다만, 임대인은 자신 또는 그 직계존속·직계비속의 실거주 등 주택임대차보호법 제6조의3 제1항 각 호의 사유가 있는 경우에 한하여 계약갱신의 요구를 거절할 수 있다.　　　　　　　　※ 별지2) 계약갱신 거절통지서 양식 사용 가능

② 임대인이 주택임대차보호법 제6조의3 제1항 제8호에 따른 실거주를 사유로 갱신을 거절하였음에도 불구하고 갱신요구가 거절되지 아니하였더라면 갱신되었을 기간이 만료되기 전에 정당한 사유 없이 제3자에게 주택을 임대한 경우, 임대인은 갱신거절로 인하여 임차인이 입은 손해를 배상하여야 한다.

③ 제2항에 따른 손해배상액은 주택임대차보호법 제6조의3 제6항에 의한다.

제9조(계약의 종료) 임대차계약이 종료된 경우에 임차인은 임차주택을 원래의 상태로 복구하여 임대인에게 반환하고, 이와 동시에 임대인은 보증금을 임차인에게 반환하여야 한다. 다만, 시설물의 노후화나 통상 생길 수 있는 파손 등은 임차인의 원상복구의무에 포함되지 아니한다.

제10조(비용의 정산) ① 임차인은 계약종료 시 공과금과 관리비를 정산하여야 한다.

② 임차인은 이미 납부한 관리비 중 장기수선충당금을 임대인(소유자인 경우)에게 반환 청구할 수 있다. 다만, 관리사무소 등 관리주체가 장기수선충당금을 정산하는 경우에는 그 관리주체에게 청구할 수 있다.

제11조(분쟁의 해결) 임대인과 임차인은 본 임대차계약과 관련한 분쟁이 발생하는 경우, 당사자 간의 협의 또는 주택임대차분쟁조정위원회의 조정을 통해 호혜적으로 해결하기 위해 노력한다.

⑪ 제12조(중개보수 등) 중개보수는 거래 가액의 ＿＿＿＿＿%인 ＿＿＿＿＿＿＿＿＿원(□ 부가가치세 포함 □ 불포함)으로 임대인과 임차인이 각각 부담한다. 다만, 개업공인중개사의 고의 또는 과실로 인하여 중개의뢰인간의 거래행위가 무효·취소 또는 해제된 경우에는 그러하지 아니하다.

⑫ 제13조(중개대상물확인·설명서 교부) 개업공인중개사는 중개대상물 확인·설명서를 작성하고 업무보증관계증서(공제증서등) 사본을 첨부하여 ＿＿＿＿＿＿년＿＿＿＿＿＿월＿＿＿＿＿＿일 임대인과 임차인에게 각각 교부한다.

[특약사항]

• 주택을 인도받은 임차인은 ＿＿＿＿＿년 ＿＿＿월 ＿＿＿일까지 주민등록(전입신고)과 주택임대차계약서상 확정일자를 받기로 하고, 임대인은 위 약정일자의 다음날까지 임차주택에 저당권 등 담보권을 설정할 수 없다.

• 임대인이 위 특약에 위반하여 임차주택에 저당권 등 담보권을 설정한 경우에는 임차인은 임대차계약을 해제 또는 해지할 수 있다. 이 경우 임대인은 임차인에게 위 특약 위반으로 인한 손해를 배상하여야 한다.

• 임대차계약을 체결한 임차인은 임대차계약 체결 시를 기준으로 임대인이 사전에 고지하지 않은 선순위 임대차 정보(주택임대차보호법 제3조의6 제3항)가 있거나 미납 또는 체납한 국세·지방세가 ＿＿＿＿＿원을 초과하는 것을 확인한 경우 임대차기간이 시작하는 날까지 제5조에도 불구하고 계약금 등의 명목으로 임대인에게 교부한 금전 기타 물건을 포기하지 않고 임대차계약을 해제할 수 있다.

• 주택임대차계약과 관련하여 분쟁이 있는 경우 임대인 또는 임차인은 법원에 소를 제기하기 전에 먼저 주택임대차분쟁조정위원회에 조정을 신청한다. (□ 동의   □ 미동의)

※ 주택임대차분쟁조정위원회 조정을 통할 경우 60일(최대 90일) 이내 신속하게 조정 결과를 받아볼 수 있습니다.

• 주택의 철거 또는 재건축에 관한 구체적 계획 (□ 없음 □ 있음 ※공사시기 :　　　　　 ※ 소요기간 :　　　　개월)

• 상세주소가 없는 경우 임차인의 상세주소부여 신청에 대한 소유자 동의여부 (□ 동의　　　□ 미동의)

택의 경우에는 의 채권 최고액과 선순위 임차인의 모든 보증금 그리고 자신의 보증금을 합한 금액이 해당 주택가격의 80%를 넘는다면 계약을 심각하게 고민해야 함)

❻ 확정일자 부여
이사 후 전입신고를 한 후 확정일자를 받을 때 이곳에 확정일자 도장을 찍습니다.

❼ 제1조 보증금과 차임
위조를 막기 위해 아라비아 숫자로만 기재하지 말고, 한글이나 한자로 한 번 더 적어 주며, 계약일과 잔금일 사이의 기간은 여유 있게 한 달 이상 잡는 게 좋습니다.

❽ 제2조 임대차 기간
임차인이 입주할 수 있도록 임대인이 집을 비워주는 날짜와 계약 기간을 기재합니다.

❾ 제3조 입주 전 수리
입주 전에 수리가 필요한 시설이 있는지, 언제까지 수리해 줄 건지, 약속 날짜까지 수리가 안 될 시 임대보증금에서 수리비를 제하고 준다든지 하는 약정 내용을 기재하면 사전 다툼을 방지할 수 있습니다.

❿ 제4조~제9조
셋집의 사용·관리·수선에 관한 내용, 계약 포기에 따른 계약 해제 내용,

채무 불이행과 관련한 손해배상 내용, 임차인의 월세 연체나 주택의 구조변경, 전대 등으로 인한 계약 해지 내용, 계약 종료 시 원상복구에 관한 내용, 계약 종료 시 공과금, 관리비, 장기수선충당금 정산에 관한 내용 등. 이해가 되지 않는 부분이 있으면 중개인에게 물어보고, 자신에게 불리한 내용이 없는지 확인합니다.

⓫ 제12조 중개보수 등

중개수수료 요율과 금액을 적고 중개수수료 소득공제와 관련하여 현금영수증을 받을 경우, 중개수수료에 부가가치세 포함 여부를 확인합니다.

⓬ 제13조 중개대상물 확인, 설명서 교부

중개인은 근거 자료를 제시하고 중개대상물에 대해 성실, 정확하게 확인 설명할 의무가 있습니다.

⓭ 특약 사항

특이사항을 기재할 때는 신중해야 하며, 자신에게 불리한 내용이 없는지 다시 한번 확인해보고, 애매한 점이 있으면 주위 사람들에게 물어본 후에 신중히 작성해야 합니다.

⓮ 임대인, 임차인, 중개업자의 주소, 연락처, 주민등록번호 등

계약서에 기재된 임대인의 이름이 주민등록증과 등기사항전부증명서의 이름과 일치하는지 반드시 확인, 중개인의 이름과 사업자등록번호가 중개업소 벽에 걸려 있는 사업자등록증과 일치하는지 반드시 확인해야 합니다.

참고로 임대인이 민간임대등록을 하였다면 민간임대주택에 관한 특별법에 따라 표준임대차계약서 양식이 별도로 있습니다. 민간임대등록을 하지 않은 임대인이라면 중개업소에서 위와 비슷한 계약서를 작성하고 있습니다.

Q 임대차계약서 특약 사항에 꼭 넣어야 하는 문구에는 어떤 것들이 있을까요?

A 다음과 같은 조항을 넣어두면 좋습니다.

• 임대차계약 이후 아니면 내가 전입한 이후 계약 기간 내 추가로 담보를 설정하지 않는다. 담보가 설정됐을 때, 즉시 계약을 해지시킬 수 있고 보증금을 즉시 반환한다.

그리고 대항력을 완벽하게 갖추기 전에 (등기부 등본) 을구, 갑구에 다른 권리가 들어가선 안 됩니다. 계약서 특약 사항에 다음과 같은 문구를 넣어두면 좋습니다.

• 계약일로부터 잔금 및 입주일자 다음 날까지 현재 상태의 등기부 등본을 유지해야 하며, 근저당 포함 어떠한 권리도 설정하지 않는다. 이를 이행하지 않으면 임대인은 임차인에게 손해배상 배액 배상하고 계약을 해지하기로 한다.

• 임대인 및 임대물건 또는 해당 건물의 시세 변동, 해당 호실의 공시

지가 또는 기준시가 변동에 의해 전세금반환보증보험 가입이 불가능한 경우, 전세금 반환 보증보험이 가입 가능하도록 임대인은 전세금을 낮춰 다시 계약서를 작성해주기로 하며 이에 적극 협조한다. 임대인이 보증보험 사고 이력으로 보증보험 가입이 불가할 경우 임차인에게 계약금을 배액 상환하고 본 계약을 무효로 한다.

- 본 계약만료 시점에 세입자가 계약을 연장하는 경우에 전세금반환보증보험 가입 한도금액이 낮아진 경우 집주인은 전세금반환보증보험가입 한도에 맞춰서 다시 재계약하기로 한다. 만약 전세금반환보증보험가입 한도에 맞춰서 계약 연장이 어려운 경우 새로운 세입자를 구하는 것과 상관없이 전세보증금을 즉시 반환한다.

- 집주인은 본 계약 후 없던 그 근저당이나 집주인의 세금 체납 사실이 발견되면 세입자가 계약을 해지하고 전세금 반환요청하는 것에 동의한다.

- 임대인은 본 물건의 하자로 인한 임차인의 전세 대출 불가 판정 시 본계약은 무효로 하며 계약금을 배액상환없이 임차인에게 즉시 반환하도록 한다.

- 임대인은 현재 전세금반환보증보험회사(허그, HF, 서울SGI)와 채무관계와 보증보험사고이력은 없음을 고지하였고, 고지한 바와 달리 보증보험사고이력이나 보증보험회사와의 채무관계가 발견될 경우 임차인에게 계약금을 배액 상환하고 본 계약을 무효로 한다.

그리고 전세보증금을 즉시반환함과 동시에 반환이 지연될 경우 지연 이자는 연20%로 한다.

• 임대인은 계약 기간 중 매매 또는 담보를 제공하는 경우, 미리 임차인에게 통보해 주기로 한다.

• 임차인의 책임이 없는 시설물의 고장 (노후로 인한 사유 등)은 임대인이 적극적으로 수리한다.

• 임대차계약 만료 일에 타 임차인의 임대 여부와 상관없이 전세보증금을 즉시 반환해주어야 한다. 계약만료 일에 전세금 반환이 안 될 경우, 지연 이자는 연 20%로 한다.

04

집주인이 바뀌면
계약서 다시 써야 할까?

- 집주인이 바뀌었다고 해도 세입자는 기존 집주인과 작성했던 계약
서의 효력이 유지된다.

👉 이 문장은 O입니다. 주택 임대차보호법에 따르면 '임차주택의 양수
인은 임대인의 지위를 승계한 것으로 본다'라고 명시돼 있습니다. 다시
말해 집주인이 바뀌었다고 해도 세입자는 기존 집주인과 작성했던 계약
서의 효력이 유지됩니다.

계약 후 집주인이 바뀐 경우에도 주의를 기울여야 합니다. 집주인은
세입자 동의 없이도 소유주택을 팔 수 있으므로 세입자가 집을 임차

해 사는 도중에 집주인이 바뀌기도 합니다. 이때 세입자는 기존 계약을 유지하거나 승계 거부 통지를 하고 보증금을 반환 청구할 수 있습니다.

'임차주택의 양수인은 임대인의 지위를 승계한 것으로 본다'

주택 임대차보호법에서는 이렇게 명시돼 있습니다. 이에 따라 집주인이 바뀌었다고 해도 세입자는 기존 집주인과 작성했던 계약서의 효력이 유지됩니다.

Q 그럼 계약서는 새로 써야 하나요?

A 새 계약서를 작성할 필요도 없습니다. 이를 잘 모르고 새 계약서를 쓴 뒤 확정일자까지 새로 받는 경우가 있습니다. 이렇게 되면 기존 확정일자의 우선변제권을 받지 못합니다.
계약서를 따로 쓰지 않았다고 해도 전세대출을 받았거나 전세금 반환보증보험을 들어놓은 상태라면 각각의 기관에 임대인 변경 (주채무자 변경) 신청을 해야 합니다. 전세보증보험의 경우 임대인 변경신청을 하지 않으면 향후 전세금 미반환 시 보장받지 못하기도 하기 때문입니다.

다만 새 집주인이 전세금을 올려달라고 하거나 계약 내용에 변경이 있는 경우, 이에 합의했을 때는 새로운 계약서를 써야 합니다. 이런 상황이라면 반드시 계약서를 쓰기 전에 등기부 등본을 확인해서 새롭게 추가된 근저당 등이 없는지 확인해야 합니다.

전세금을 올리면 증액분에 대한 증액 계약서만 따로 쓰고, 증액 작성한 부분에 대해 확정일자를 받게 돼 있습니다. 새 임대인이 이보다 먼저 대출을 실행할 경우 향후 법적 분쟁이 발생했을 때 세입자의 순위가 밀려날 수 있으니 주의해야 합니다.

세입자가 승계 거부할 수도 있습니다. 이 경우 통상 2주에서 4주 이내 이의제기를 해서 기존 임대인에게 전세보증금 반환요청을 할 수 있습니다. 그러나 이미 매매 계약이 끝난 상태라면 새 집주인에게 보증금을 받으라며 돌려주지 않으려 하므로 법적 다툼으로 이어질 여지가 있습니다.

여러모로 아직은 집주인이 세입자의 전세보증금을 돌려줄 만한 사람인지 파악하기가 쉽지 않습니다. 그래도 점점 상황은 나아지고 있습니다. 정당한 사유 없이 임차보증금을 돌려주지 않는 '악성 임대인'의 신상을 '안심전세앱'을 통해 공개하고 있습니다. 악성 임대인의 이름, 나이, 주소, 임차보증금 반환채무에 관한 사항, 구상채무에 관한 사항 등이 공개되어 세입자도 좀 더 안심하고 계약을 체결할 수 있게 됐습니다. 그리고 안심전세앱을 통해 임대인 정보조회 – 안심 임대인조회를 통해 임대인의 HUG 보증채무 존재 여부와 HUG 전세보증 사고 접수건이 존재하는지 확인할 수 있습니다.

05

역월세 계약서,
어떻게 작성해야 할까?

• 역월세는 개인 간 거래라 표준거래양식이 있는 건 아니다. 집주인
  과 세입자 간 합의만 하면 되기 때문이다.

☞ 이 문장은 O입니다. 집주인과 세입자 간 합의만 하면 되는 역월세
는 개인 간 거래라 표준거래양식이 있는 건 아닙니다. 기존에 있던 계약
서에 바뀐 내용을 추가하고, 집주인과 세입자 모두 동의한다는 확인, 즉
서명만 받으면 됩니다.

Q 이달 만기를 앞두고 '역월세' 계약을 했습니다. 2년 전 5억 원이었던 전
  셋값은 현재 3억 5,000만 원까지 떨어진 상태입니다. 차액 1억 5,000

만 원에 지금의 전세자금대출 금리(4%대)를 반영해 1년 치를 한꺼번에 받았습니다. 내년 3월에는 그때 금리로 또다시 이자를 받을 예정입니다.

A 역전세난이 발생하면 집주인이 역으로 세입자에게 지급하는 '역월세' 사례가 발생합니다. 집주인이 세입자에게 전세보증금을 온전히 돌려주지 못해 차액을 이자 형태로 돈을 지급하는 것을 역월세라고 합니다. 전셋값이 하락했던 2018년 등장한 현상으로 2024년에 다시 나타나고 있습니다.

Q 역월세 계약서, 어떻게 작성해야 할까요?

A 집주인과 세입자 간 합의만 하면 되는 역월세는 개인 간 거래라 표준거래양식이 있는 건 아닙니다.

Q 계약서를 다시 작성해야 하나요?

A 아닙니다. 기존에 있던 계약서에 바뀐 내용을 추가하고, 집주인과 세입자 모두 동의한다는 확인, 즉 서명만 받으면 됩니다.

Q 그럼 확정일자를 다시 받아야 하는 건가요?

확정일자는 그대로 두는 게 좋습니다. 보증금은 그대로 두고 돌려받지 못하는 돈에 대해 이자를 받는 것이기 때문입니다. 계약서에 '기존의 보증금 그대로 대항력을 유지하되 감액된 부분에 대해 즉시 변제하지 못하므로 기간 동안 얼마를 지급한다'고 써두면 좋습니다.

Q 만약 집주인이 돈을 주지 않으면요?

A 전세금 반환청구 소송을 제기해야 합니다. 소송에 대비해 '이자가 OO 동안 밀릴 시 계약을 해지하고 전세금 전부를 반환한다'라고 계약서에 적는 것도 방법입니다. 정확한 금액과 그 근거(예를 들어 '전세자금대출 금리 몇 퍼센트를 따른다'), 입금일을 확실히 명시해야 합니다.

Q 공증을 따로 받아 놔야 할까요?

A 양측 서명만 있다면 굳이 공증까지 받을 필요는 없습니다. 다만 '대여금' 명목으로 공증을 받을 수 있습니다. 어쨌든 세입자가 그만큼 집주인한테 돈을 빌려주고 그에 대해 이자를 돌려받는 개념입니다. 공증금액에 따라 비용은 다르며 변호사 사무실에서 받을 수 있는데, 공증이 있으면 별도의 소송·판결 없이 국가가 집주인 재산을 강제집행해 돈을 받을 수 있습니다.

Q 이자는 상한액이 있나요?

A 이자제한법에 따라 연 20% 내로 설정할 수 있습니다. 시중 전세 대출 이자로도, 전월세 전환율로도 산정하는 때가 있는데, 집주인

과 세입자 간 합의만 한다면 20% 밑으로 얼마든지 가능합니다.

무엇보다도 역월세 상황이 발생했다면 집주인에게 이자를 받는 것보다 내려간 전세금을 돌돌 받는 것이 제일 좋습니다. 집값이 하락해 전세값이 하락한 만큼 집값이 오르지 않는 이상 전세값도 오르지 않을 것이고, 이자만 받는다고 하더라도 원금 회수하는 것이 우선이기 때문에 임대인의 다른 재산이 있다면 임대인의 동의를 얻어 역월세 금액만큼 다른 재산에 가압류, 근저당설정 등 내 전세금을 보전할 만한 조치를 다 취하는 것이 좋습니다.

PART
II

부동산 고수가
사회초년생에게 알려주는
부동산 상식

주택 임대차보호법

01

주택도
권리금 인정이 될까?

• 집을 보러온 신규 세입자에게 권리금을 요구했다. 그런데 집주인
이 저의 권리금 거래를 인정할 수 없다고 한다. 이 경우 권리금소
송을 진행해 손해배상을 청구할 수 있다.

👉 이 문장은 X입니다. 권리금보호 규정은 세입자에게 법률
상 문제가 없다면 건물주라도 함부로 어길 수 없을 만큼 강력
하지만, 주택 임대차계약에서 권리금 회수가 되지 않는 가장
큰 이유는 권리금보호에 관한 법 규정 자체가 없어서입니다.
건물주가 지켜야 할 권리금보호 의무는 상가 임대차계약에만
해당할 뿐 주택에서는 해당하지 않습니다.

대부분 사람이 새로운 집으로 이사할 때, 기존 집에 넣어둔 전세보증금으로 새로운 집에 잔금을 치릅니다. 문제는 집주인이 새로운 세입자를 구하지 못해 전세금을 돌려주지 않은 채 이사해야 하는 경우입니다. 이런 상황에서 세입자는 조바심을 느껴 직접 부동산 매물을 광고하거나 신규 세입자를 주선하는 때가 있습니다.

원칙적으로 부동산 소유자가 아닌 세입자는 부동산 매물 광고를 올릴 수가 없습니다. 신규 세입자를 구하는 책임은 집주인에게 있기 때문입니다. 다만 집주인과 사전 합의를 했다면 부동산 광고를 올려도 법적인 문제는 없습니다. 그리고 신규 세입자를 주선하는 것도 가능합니다. 단, 집주인이 계약을 거부하더라도 이에 대해 별다른 책임을 물을 순 없습니다.

반면 상가 임대차계약은 주택 임대차계약과 반대입니다. 상가건물 임대차보호법에는 임대차계약 기간이 끝나기 6개월 전부터 세입자가 신규 세입자를 적극적으로 건물주에게 주선해야 한다고 규정하고 있습니다. 권리금 회수기회 때문입니다.

그리고 정당한 사유 없이 기존 세입자가 주선한 신규 세입자와의 계약을 건물주가 거절하면 권리금보호 의무위반이 됩니다. 정당한 거절 사유는 신규 임차인이 보증금이나 임대료를 지급할 자력이 없거나, 그 밖에 임차인으로서 의무를 위반할 우려가 있을 때입니다. 대표적인 사례로는 신규 세입자가 동종업계 무경험자일 경우입니다. 신규 세입자가 동종업계 사업을 해보지 않은 무경험자라면 상황에 따라 계약을 거부할 수 있습니다. 상가건물 임대차보호법 제10조 제2항 제2호 법규에 따라 추후 운영 미숙으로 임대료를 못 낼 우려가 있기 때문입니다.

Q 집주인에게 양해를 구하고 전세 계약을 맺을 때, 인테리어 공사를 했습니다. 이후 계약이 끝나가 새로운 세입자를 구하고 있습니다. 집을 보러 온 신규 세입자가 관심을 보여 권리금을 요구했습니다. 그런데 집주인이 저의 권리금 거래를 인정할 수 없다고 주장하고 있습니다. 이 경우 저는 권리금소송을 진행해 손해배상을 청구할 수 있나요?

A 상가 임대차보호법에서는 세입자의 권리금 회수기회를 보호하고 있습니다. 그러나 주택 임대차계약에서 세입자가 인테리어 공사를 했다면 이야기가 달라집니다.

권리금보호 규정은 세입자에게 법률상 문제가 없다면 건물주라도 함부로 어길 수 없을 만큼 강력합니다. 단, 이 규정은 상가 임대차계약에만 해당합니다. 그러므로 주택 임대차계약에서 권리금을 주장한다면 법률상 근거가 없어 집주인이 거부해도 손해배상청구소송을 제기할 수 없습니다.

Q 주택 임대차보호법에서는 권리금보호 규정이 왜 없는 건가요?

A 결론부터 말하자면 권리금을 주장할 수 있는 명분 자체가 다르기 때문입니다.

상가 임대차계약은 세입자가 건물주에게 빌린 부동산을 사용하는 과정에서 많은 사람이 해당 건물을 드나들게 해 수익을 내는 '상권형성의 노력'이 있다는 사실입니다. 다시 말해 인테리어 이후 많은 사람이 해당 점포를 계속 찾을 수 있다는 여지가 있다는 뜻입니다.

따라서 건물주가 세입자를 함부로 쫓아내고 세입자가 운영해왔던 점포를 그대로 운영한다면 건물주는 아무런 노력 없이 이익을 얻게 되는 악용 사례가 나타날 수 있습니다. 그러므로 이런 악용을 방지하고자 상가 임대차계약에서는 권리금보호 규정이 생긴 것입니다.

반면 주택 임대차계약에서는 계약이 끝날 때 집주인의 요청이 있다면 오히려 세입자에게 원상회복 의무가 생깁니다. 다시 말해 세입자가 인테리어를 희망하더라도 집주인의 동의가 필요하고 계약이 끝날 때도 다시 원래 상태로 복구해야 한다는 말입니다.

정리하면 주택 임대차계약에서는 권리금 회수 주장이 현실적으로 불가능할 뿐만 아니라 자칫하다간 원래 상태로 집을 되돌려놓아야 하는 상황까지 처하게 됩니다.

중개업소에서 대부분 사용하는 부동산 임대차계약서에는 '2. 계약 내용'에서 제 1조부터 9조까지 부동문자가 작성되어 있습니다. 그중 제 3조에는 '[용도변경 및 전대 등] 임차인은 임대인의 동의 없이 위 부동산의 용도나 구조를 변경하거나 전대, 임차권 양도 또는 담보 제공을 하지 못하며 임대차 목적 이외의 용도로 사용할 수 없다.'라고 되어있고, 제 5조에는 '임대차계약이 종료된 경우 임차인은 위 부동산을 원상으로 회복하여 임대인에게 반환한다. 이러한 경우 임대인은 보증금을 임차인에게 반환하고, 연제 임대료 또는 손해배상금이 있을 때는 이들을 제하고 그 잔액을 반환한다.'라고 표기돼 있습니다.

새로 들어오는 부동산 주거용 임차인이 권리금을 줘가면서 들어올 이유가 없습니다. 보통 주거용 임대차는 보증금과 월세 지급을 목적으로 타인의 집을 빌리는 것이지, 그 집에 권리금까지 줘가면서 신규로 들어올 세입자는 더더욱 없습니다.

02

임대인 동의 없이
미납세금 열람이 가능하다

• 임대차계약을 위해 집주인 동의 없이도 체납 세금 존재 여부를 확인할 수 있다.

👉 이 문장은 O입니다. 2023년 4월 1일부터는 임대차계약을 위해 집주인의 동의 없이도 임대인의 체납 세금 존재 여부를 확인할 수 있습니다. 집주인의 체납 세금을 사전에 확인한 후에 임대차계약을 할 수 있도록 임차인의 권리가 확보되는 것입니다. 하지만 여전히 많은 세입자가 관련 내용에 대해 잘 모르고 있습니다.

Q 신문 기사를 보고 있는데, 집주인의 세금 체납으로 세입자가 보증금을 돌려받지 못한 경우가 많다고 합니다. 왜 이런 일이 생기는 건가요?

집주인의 세금 체납으로 부동산이 경매 대상이 되면 세입자는 보증금을 잃을 위험이 있습니다. 현행 국세기본법상 국세 채권이 임차보증금보다 먼저 변제되기 때문입니다. 예를 들어 종합부동산세를 체납한 집주인의 집에 임차인으로 들어가면 밀린 체납액이 먼저 변제되고, 이후 남는 돈이 없으면 세입자는 보증금을 돌려받지 못합니다.

이처럼 집주인이 체납한 세금을 세입자가 자신의 보증금으로 사실상 대납하는 황당한 경우도 발생합니다. 집주인이 체납 사실을 숨기고 임대차계약을 진행하고 해당 주택이 공매로 넘어가면 세입자는 보증금을 일부 또는 전부를 못 받을 수 있습니다. 세입자가 전입신고와 확정일자를 받았다고 하더라도, 이보다 먼저 체납한 세금이 있으면 순위가 밀려나게 됩니다. 국세는 다른 채권에 우선해 징수되기 때문입니다.

집주인의 납세 정보를 확인하는 방법은 크게 두 가지입니다. 미납 세금이 있는지를 국세청과 지방자치단체를 통해 열람하는 방법, 그리고 임대인에게서 직접 체납 세금 유무가 드러나는 납세 증명서를 제시받는 방법입니다. 미납세금 열람의 경우, 2023년 4월 1일부터는 '임대차계약을 체결하고 이후부터 실제 임대차 기간이 시작되는 날'까지도 열람이 가능합니다. 따라서 임대차계약을 체결한 후 잔금을 치르는 사이에 발생할 수 있는 체납 사실도 확인하고 계약 해지할 수 있는 것입니다.

개별 납세 정보도 개인정보이기 때문에 임대인의 미납세금을 열람하기 위해서는 임대인의 동의가 필요하지만, 2023년 4월 1일부터는 보증금이 1,000만 원을 초과하는 임대차계약인 경우, 임대인 동의 없이 세무서장이나 지방자치단체장에게 미납세금 열람을 신청할 수 있습니다.

임차인의 요청이 있으면 세무서장과 지자체장은 지체 없이 열람에 응해야 합니다. 다만 납세증명서의 경우에는 임차인이 과세관청에 신청하는 것이 아니라 임대인이 직접 발급받는 것이므로 계속해서 임대인의 동의가 필요합니다. 또한, 임대인은 납세증명서 제시 대신 미납세금 열람에 동의하는 것으로 그 의무를 대신할 수 있습니다.

여기서 잠깐! 등기부 등본을 너무 믿어선 안 됩니다. 그 이유는 체납된 세금 모두가 표시되는 것은 아니고 압류가 된 후부터 표시되기 때문입니다. 그러므로 당장 등기부 등본을 떼어봐도 이상 없어 보일 수 있으니 주의해야 합니다.

참고로 등기부 등본의 갑구에 압류가 들어와 있고, 압류권자가 세무서나 지자체, 국가라면 세금 미납이 있다는 뜻입니다. 그리고 1장에서 말한 내용처럼 등기부 등본을 발급받을 때 말소사항포함으로 발급받아 현재 소유권자로부터 이러한 세금 관련 압류가 있었었는지 확인하는 것도 중요합니다.

03

소액 임차인
우선 변제 제도란?

• 소액 임차인 우선 변제 제도에서 소액 임차인은 보증금 중 일정액을 다른 담보물권자보다 우선해 변제받을 권리가 있는 임차인이다. 집주인의 세금체납액에 대해서도 국세 채권보다 우선 변제받을 수 있다.

👉 이 문장은 O입니다. 소액 임차인이란 보증금 중 일정액을 다른 담보물권자보다 우선해 변제받을 권리가 있는 임차인을 말합니다. 따라서 소액 임차인 우선 변제 제도에서 소액 임차인은 집주인의 체납 세금이 있어도 그보다 우선 변제받을 수 있습니다.

Q 앞장에서 집주인의 체납 세금 때문에 보증금을 날릴 수도 있다고 했습니다. 이를 구제할 방법은 없나요?

A 소액 임차인 우선 변제 제도를 알고 있어야 합니다. 여기서 소액 임차인이란 보증금 중 일정액을 다른 담보물권자보다 우선해 변제받을 권리가 있는 임차인을 말합니다. 집주인의 체납액이 있어도 그보다 우선 변제받을 수 있습니다.

2023년부터 소액 임차인으로 적용받을 수 있는 임대보증금 기준액이 1,500만 원 상향되었고 우선 변제를 받을 수 있는 금액도 500만 원 커졌습니다. 다음 표를 참고합시다.

임대보증금 기준액과 우선 변제받을 수 있는 금액

구분	임대보증금 기준액	우선 변제받을 수 있는 금액
서울특별시	1억 6,500만 원 이하	5,500만 원 이하
과밀억제권역 용인·화성·세종·김포	1억 4,500만 원 이하	4,800만 원 이하
광역시 안산·광주·파주·이천·평택	8,500만 원 이하	2,800만 원 이하
그 밖의 지역	7,500만 원 이하	2,500만 원 이하

예를 들어 부산에서 전세 8천만 원의 계약을 체결했고 선순위 저당권 등으로 집이 경매에 넘어갔다면, 세입자는 2,800만 원까지는 선순위 채권보다 우선해 경매대금에서 돌려받을 수 있다는 말입니다.

Q 서울에 자리한 주택을 2023년 5월 임대차계약을 체결하면서 전세금을 1억 6,000만 원으로 약정했습니다. 그런데, 이 주택에는 2015년 1월 1일에 이미 근저당권이 설정되어 있었습니다. 2023년 2월 21일부터 소액보증금이 1억 6,500만 원으로 인상되었으니 전세금을 1억 6,000만 원으로 약정해도 최우선변제권을 확보할 수 있는 거죠?

A 아닙니다. 임대차보증금이 소액보증금에 해당하는지 여부는 임대차계약을 체결한 시점이 아니라 주택에 선순위 저당권이 설정된 시점을 기준으로 판단합니다(주택 임대차보호법 시행령 부칙 제2조, 2001다84824 판결).

따라서 이 주택에는 2015년 1월 1일에 이미 근저당권이 설정되어 있었으므로, 이 선순위 저당권이 설정된 시점을 기준으로 하면 다음 표에서 6번 구간(2014년 1월 1일 ~)이 적용됩니다. 6번 구간의 서울 소액보증금은 9,500만 원인데, 세입자의 보증금은 1억 6,000만 원이므로 소액 임차인이 될 수 없으니 최우선변제권을 확보할 수 없습니다.

순서	선순위 근저당 설정 시점	지역	소액보증금 범위	최우선 변제금
1	1990년 2월 19일 ~	서울특별시, 직할시	2,000만 원 이하	700만 원
		기타지역	1,500만 원 이하	500만 원
2	1995년 10월 19일 ~	특별시 및 광역시(군지역 제외)	3,000만 원 이하	1,200만 원
		기타지역	2,000만 원 이하	800만 원
3	2001년 9월 15일 ~	수도권 중 과밀억제권역	4,000만 원 이하	1,600만 원
		광역시(군지역과 인천광역시 제외)	3,500만 원 이하	1,400만 원
		그 밖의 지역	3,000만 원 이하	1,200만 원
4	2008년 8월 21일 ~	수도권 중 과밀억제권역	6,000만 원 이하	2,000만 원
		광역시(군지역과 인천광역시 제외)	5,000만 원 이하	1,700만 원
		그 밖의 지역	4,000만 원 이하	1,400만 원
5	2010년 7월 26일 ~	서울특별시	7,500만 원 이하	2,500만 원
		과밀억제권역(서울특별시 제외)	6,500만 원 이하	2,200만 원
		광역시(과밀억제권역과 군지역 제외), 안산시, 용인시, 김포시 및 광주시	5,500만 원 이하	1,900만 원
		그 밖의 지역	4,000만 원 이하	1,400만 원

전·월세가 처음인 세입자가 꼭 알아야 할 **부동산 상식사전**

6	2014년 1월 1일 ~	서울특별시	9,500만 원 이하	3,200만 원
		과밀억제권역(서울특별시 제외)	8,000만 원 이하	2,700만 원
		광역시(과밀억제권역과 군지역 제외), 안산시, 용인시, 김포시 및 광주시	6,000만 원 이하	2,000만 원
		그 밖의 지역	4,500만 원 이하	1,500만 원
7	2016년 3월 31일 ~	서울특별시	1억 원 이하	3,400만 원
		과밀억제권역(서울특별시 제외)	8,000만 원 이하	2,700만 원
		광역시(과밀억제권역과 군지역 제외), 세종특별자치시, 안산시, 용인시, 김포시 및 광주시	6,000만 원 이하	2,000만 원
		그 밖의 지역	5,000만 원 이하	1,700만 원
8	2018년 9월 18일 ~	서울특별시	1억 1,000만 원 이하	3,700만 원
		과밀억제권역(서울특별시 제외), 세종특별자치시, 용인시, 화성시	1억 원 이하	3,400만 원
		광역시(과밀억제권역과 군지역 제외), 안산시, 김포시, 광주시 및 파주시	6,000만 원 이하	2,000만 원
		그 밖의 지역	5,000만 원 이하	1,700만 원
9	2021년 5월 11일 ~	서울특별시	1억 5,000만 원 이하	5,000만 원
		과밀억제권역(서울특별시 제외), 세종특별자치시, 용인시, 화성시 및 김포시	1억 3,000만 원 이하	4,300만 원
		광역시(과밀억제권역과 군지역 제외), 안산시, 광주시, 파주시, 이천시 및 평택시	7,000만 원 이하	2,300만 원
		그 밖의 지역	6,000만 원 이하	2,000만 원
10	2023년 2월 21일 ~	서울특별시	1억 6,500만 원 이하	5,500만 원
		과밀억제권역(서울특별시 제외), 세종특별자치시, 용인시, 화성시 및 김포시	1억 4,500만 원 이하	4,800만 원
		광역시(과밀억제권역과 군지역 제외), 안산시, 광주시, 파주시, 이천시 및 평택시	8,500만 원 이하	2,800만 원
		그 밖의 지역	7,500만 원 이하	2,500만 원

Q 전세가는 1억이 넘어가는 매물이 마음에 들지만, 올전세 할 돈이 없어 보증금 일부만 내고 나머지는 월세로 돌릴까 합니다.

A 반전세나 월세 물건 대부분은 근저당이 설정되어 있으니 주의해야 합니다. 부산광역시 기준으로 2023년 2월 21일부터는 소액보증금 범위 내에 해당하더라도 2,800만 원까지만 근저당보다 우선해서 최우선변제를 받을 수 있습니다. 만약 보증금을 5천만 원으로 반전세 계약을 하게 된다면 나머지 2,200만 원은 경매에서 배당금액이 남아야 받을 수 있는 돈이 됩니다. 그러므로 계약하려는 부동산의 최선순위 담보물권 설정 날짜를 먼저 파악하고 그에 따라 최우선 변제 받을 수 있는 금액의 110% 정도까지만 보증금으로 지급하는 것이 좋습니다. 건물 연식이 오래된 건물일수록 근저당이 설정된 날짜가 빠를 가능성이 큽니다. 만약 담보물권(저당권, 근저당권, 전세권, 담보가등기)은 없고 압류나 가압류만 있는 경우에는 경매단계에서 배당이 확정되는 시점을 기준으로 최우선 변제금을 판단하고 지급합니다.

그리고 위 최우선변제금은 낙찰가의 1/2 범위 내에서만 지급되기 때문에 낙찰가가 낮다면 최우선변제금을 모두 받지 못할 가능성도 생각해야 합니다. 만약 내가 거주하고 있는 집에 근저당권 채권최고액이 2,000만 원이 설정되어 있고 내 보증금이 2,000만 원이고 소액 보증금에 해당하는 범위 내이면서 최우선 변제금액이 2,000만 원까지라고 가정하고 들어간 경우 당연히 내 보증금은 소액 보증금 범위 내이고 최우선 변제금액이 2,000만 원이면 모두 근저당보다 우선해서 돌려받을 수 있다고 생각할 수 있습니다. 하지만 해당 부동산의 낙찰가가 3,000만 원이라면 최우선 변제금액은 1,500만 원이 됩니다. 그러므로 500만 원을 손해 볼 수 있다는 사실까지 기억해둡시다.

04

대항력과
우선변제권이란?

• 보증금을 지키기 위해서는 먼저 '대항력'부터 갖춰야 한다.

☞ 이 문장은 O입니다. 대항력은 '집이 경매로 넘어가더라도 임대차 기간이나 보증금을 보호받을 수 있는 임차인의 권리'를 말합니다. 대항력 성립 조건은 먼저 실제로 그 집에 살고 있어야 하며 해당 집에 근저당(말소기준권리)이 잡히기 전에 전입신고가 미리 돼 있어야 합니다. 다시 말해 애초에 대출이 없는 집에 들어가는 것이 최고입니다.

Q 근저당이 설정된 사실을 모르고 전세로 입주했습니다. 최근 집이 경매로

곧 넘어간다는 통지를 받았습니다. 게다가 확인해보니 입주 당시 '전입신고'만 하고 '확정일자'를 받지 않았습니다. 전세보증금을 지킬 수 있을까요?

A 세 들어 살던 집이 경매에 넘어가면서 보증금을 잃을 위기에 처하는 경우는 생각보다 많습니다. 이런 상황에 당면하지 않으려면 대항력과 우선변제권, 그리고 대위변제의 의미와 조건을 미리 알아둘 필요가 있습니다.

보증금을 지키기 위해서는 먼저 '대항력'부터 갖춰야 합니다. 대항력은 '집이 경매로 넘어가더라도 임대차 기간이나 보증금을 보호받을 수 있는 임차인의 권리'를 말합니다. 대항력이 성립되려면 조건이 필요한데, 먼저 실제로 그 집에 살고 있어야 하며 해당 집에 근저당(말소기준권리)이 잡히기 전에 전입신고가 미리 돼 있어야 합니다. 쉽게 말하면 애초에 대출이 없는 집에 들어가는 것이 최고입니다.

여기에 대출이 잡히기 전에 확정일자까지 받으면 '우선변제권'을 받을 수 있습니다. 우선변제권이란 '임대차계약서에 확정일자를 받은 전셋집이 경매에 넘어간 경우, 후순위 권리자나 일반 채권자들보다 먼저 보증금을 변제받을 수 있는 권리'를 말합니다.

이렇게 '대항력'과 '우선변제권'을 모두 갖춘 세입자는 경매주택에 계속 살 수도 있고, 법원에 배당요구를 하거나 경매 낙찰자에게 요구해 보증금을 전액 돌려받을 수도 있습니다.

여기서 잠깐! 대항력은 주택의 인도와 전입신고를 끝내면 다음 날 0시부터 발생합니다. 우선변제권은 대항력을 갖추고 확정일자를 받으면 됩니다. 확정일자와 다른 채권자 날짜를 비교해 선순위, 후순위가 결정되기 때문에 확정일자를 언제 받았는지도 중요합니다. 만약 4월 1일에 전입신고를 하고 확정일자까지 받았다면 4월 2일 0시부터 대항력과 우선변제권이 생깁니다. 그런데 확정일자를 4월 1일에 받았더라도 전입신고를 하지 않았다면 우선변제권을 취득하지 못합니다. 예를 들어 4월 1일에 미리 확정일자를 받고 4월 6일에 주택 전입신고를 했다면 4월 7일 0시부터 대항력과 우선변제권이 발생하니 주의해야 합니다.

다음 표를 참고합시다.

전입신고	확정일자	대항력	우선변제권
2025.04.01	2025.04.01	2025.04.02 오전0시	2025.04.02
2025.04.06	2025.04.01	2025.04.07 오전0시	2025.04.07
2025.04.01	2025.04.06	2025.04.02 오전0시	2025.04.06

하지만 요즘 주변에 대출 없는 집은 거의 없습니다. 대부분 근저당이 먼저 잡힌 뒤에 세입자가 들어오게 됩니다. 이렇게 되면 세입자가 배당요구를 하더라도 앞선 채권자들에게 먼저 배당을 하고 남는 배당금이 있어야만 돈을 돌려받을 수 있습니다. 대출이 많지 않아 남는 배당금이 보증금보다 많다면 운 좋게 손실을 피할 수 있지만, 사실상 후순위 임차인에게 돌아갈 보증금은 거의 없는 경우가 많습니다.

Q 그렇다면 근저당이 먼저 잡힌 전셋집에서 보증금을 최대한 지키려면 어떻게 해야 하나요?

A 앞장에서 살펴본 '소액 임차인 우선 변제' 기준을 충족하면 세입자는 채권자들보다 먼저 일부 보증금을 보장받을 수 있습니다. 예를 들어 경기도 화성은 2025년 현재를 기준으로 세입자의 보증금이 1억 4,500만 원보다 낮고 전입신고가 완료된 경우 '최대 4,800만 원'의 최우선변제금을 다른 채권보다 먼저 돌려받을 수 있습니다. 가능성이 적긴 하지만 만약 보증금이 4,800만 원보다 낮다면 전액을 모두 보장받을 수도 있습니다.

이러한 조건에도 포함되지 않는다면 임차인들은 '대위변제'를 고려해볼 수 있습니다. 대위변제는 '내 앞 순위에 있던 대출을 세입자가 집주인 대신 갚는 것'을 말합니다. 왜 집주인의 대출을 세입자가 갚아야 하는지 의문이 들 수 있습니다. 그 이유는 나보다 앞 순위에 있던 근저당을 말소함으로써 가장 앞 순위가 되면 조금 전에 말한 '대항력'을 얻을 수 있기 때문입니다.

예를 들어 근저당이 1억 원 잡혀있는 집에 임차인이 전세보증금 5억 원을 내고 들어와 전입신고와 확정일자를 모두 완료한 뒤, 해당 집이 경매에서 3억 원에 낙찰된다면 임차인은 선순위 근저당 배당금액 1억 원을 제외한 2억 원밖에 돌려받을 수가 없습니다.

이때 세입자가 1억 원의 대출을 대신 갚으면 앞 순위 근저당이 말소되면서 임차인이 '대항력'을 얻게 됩니다. 그렇게 되면 낙찰가 3억 원이 모두 임차인에게 돌아가는 것은 물론, 남은 보증금 2억 원 역시 낙찰자가 '인수'해 임차인에게 추가로 줘야 하는 상황이 생기는 것입니다. 이렇게 하면 1억 원은 잃지만 5억 원을 지킬 수가 있습니다.

　내가 살던 전셋집이 경매에 넘어가는 것은 상당히 당황스러운 상황이지만, 임차인의 권리를 미리 알고 대비해 놓는다면 보증금을 훨씬 더 많이 지킬 수 있으니 꼭 알아 둬야 합니다. 특히 선순위 근저당이 소액이라면 더더욱 대위변제를 통해 대항력을 갖출 수 있도록 합시다.

05

묵시적 갱신과 갱신 요구권 행사는 다른 말이다

•최초 계약 2년 이후 묵시적 갱신으로 계약이 연장됐다면 세입자는 묵시적 갱신 기간 이후에 한 번의 갱신 요구권 기회가 아직 있다. 이후 집주인에게 갱신 요구권을 거절할만할 정당한 사유가 없다면 세입자는 최초 계약 기간을 포함 최대 6년의 거주기간을 보장받을 수 있다.

👉 이 문장은 O입니다. 주택 임대차보호법에서 세입자는 한 번의 갱신 요구권으로 계약을 연장할 수 있지만, '묵시적 갱신'으로 계약이 갱신된 경우 계약 갱신 요구로 보지 않습니다. 묵시적 갱신은 집주인과 세입자 모두 계약 갱신 관련 의사 표현이 없는 경우 자동으로 임대차계약이 갱신되는 것을 의미합니다. 묵시적 갱신을 한 번 한 뒤 계약갱신요구권을 활용한다면 6년(2+2+2년) 거주도 가능하다는 말입니다.

2020년 7월 개정된 주택 임대차보호법이 전세 시장 안정을 위해 도입된 지 4년이 지났습니다. 당시 전세 계약을 처음 체결한 세입자의 전세 계약 기간(최초 계약 2년 + 갱신 계약 2년)이 끝났다는 것을 의미하기도 합니다.

2020년 7월 국회를 통과한 계약갱신요구권, 전월세상한제와 전월세 신고제를 통칭해 '임대차 3법'이라고 부릅니다. 이 중 계약갱신요구권과 전월세상한제는 국회 통과 후 다음 날 곧바로 시행했지만, 전월세 신고제는 1년 유예기간을 가졌습니다. 이후 2021년 6월부터 시행됐지만, 1년간 계도 기간을 두기로 했습니다. 이후 계도 기간이 세 차례 더 연장돼 2025년 5월까지 늘어나 있는 상태입니다.

Q 전세로 2년을 거주하다 2년 전 묵시적 갱신으로 계약이 연장됐습니다. 이제 곧 만료일이 다가와 집주인에게 계약갱신요구권 행사를 통보한 상황입니다. 문제는 집주인이 제가 이미 갱신 요구권을 사용해 계약이 연장됐다고 우기는 겁니다. 계약 연장 당시 분명 자동 연장(묵시적 갱신)이었습니다. 갱신 요구권을 행사하지 않았는데 억울합니다.

A 주택 임대차계약에서 갱신을 두고 집주인과 세입자 간 분쟁이 일어나는 경우가 종종 있습니다. 갱신 요구권은 특별한 사정이 없는 이상 세입자가 누릴 수 있는 권리입니다. 하지만 갱신 요구권보다 묵시적 갱신이 앞선 계약 갱신이라면 집주인은 혼란을 겪을 수도 있습니다.

세입자와 집주인의 계약 기간을 연장할 때 갱신 요구권과 묵시적 갱신 차이를 인지하지 못해 법정 싸움으로 번지기도 합니다. 최초 계약 기간이 끝난 후 이어지는 계약 갱신이 갱신 요구권에 의한 것인지 아니면 묵시적 갱신에 의한 것인지에 따라 세입자가 거주할 수 있는 기간이 달라질 수 있다는 사실을 기억해야 합니다.

흔한 일은 아니지만, 집주인 가운데는 묵시적 갱신을 세입자의 갱신 요구권 행사로 착각할 때가 있습니다. 묵시적 갱신이란 계약 기간이 끝나기 6개월 전부터 2개월 전까지 집주인과 세입자 간 계약 연장이나 해지 또는 조건 변경에 대해 언급이 없었다면 자동으로 계약이 연장되는 형태를 말합니다. 이 경우 기존 계약과 같은 기간과 조건으로 계약이 연장됩니다. 형태 자체는 갱신 요구권에 의한 계약 연장과 비슷하지만, 묵시적 갱신이 시작된 시점에 따라 법적 판단은 달라집니다.

주택 임대차보호법에서 세입자는 한 번의 갱신 요구권으로 계약을 연장할 수 있지만, 묵시적 갱신이 먼저 됐다면 법률상 세입자는 갱신 요구권을 사용하지 않은 것으로 판단합니다.

따라서 최초 계약 2년 이후 묵시적 갱신으로 계약이 연장됐다면 세입자는 묵시적 갱신 기간 이후에 한 번의 갱신 요구권 기회가 남아있게 됩니다. 이후 집주인에게 갱신 요구권을 거절할만할 정당한 사유가 없다면 세입자는 최초 계약 기간을 포함 최대 6년의 거주기간을 보장받을 수 있습니다.

반면 최초 계약이 끝난 후 세입자가 갱신 요구권을 행사해 계약이 연장됐다면 어떨까요. 이 경우에는 갱신 요구권을 행사한 기간이 지나면 세입자에게는 갱신 요구권이 없으므로 집주인이 정당한 사유 없이 계약 해지를 요구해도 법률상 문제가 없습니다.

Q 세입자는 언제부터 계약 갱신을 요구할 수 있나요?

A 세입자는 임대차계약의 임대 기간이 끝나기 6개월 전부터 2개월 전까지 계약갱신요구권을 행사할 수 있습니다.

Q 계약갱신요구권은 어떻게 행사할 수 있나요?

A 계약갱신요구권 행사에는 정해진 양식은 없습니다. 구두, 문자메시지 등 다양한 방법 모두 가능합니다. 다만 내용증명 등 증거를 남기는 방법이 향후 분쟁을 예방할 수 있는 안전한 방법입니다.

Q 그럼 세입자가 계약 갱신을 요구하면 집주인은 무조건 받아들여야 하나요?

A 최초 계약 이후 세입자가 갱신 요구권을 행사하지 못할 때도 있습니다. 집주인 본인이 해당 집에 실거주하기 위해 거절하는 경우입니다. 집주인 본인 외에도 직계존비속이 실거주하는 때에도 갱신을 거절할 수 있습니다. 이때는 최초 계약이 끝나기 6개월 전부터 2개월 전까지 집주인이 세입자에게 갱신 요구권 거절 통보를 한다면 법적 효력을 인정받습니다.

또 세입자가 월세 2개월 치를 연체하는 때도 갱신 거절 사유 중 하나입니다. 두 달분 월세를 연속으로 연체한 것뿐만 아니라, 계약 기간 내 총 두 달 연체한 경우 모두 갱신 거절이 가능합니다. 이 밖에도 세입자가 주택을 파손한 경우, 집주인 동의 없이 타인에게 주택의 일부를 빌려준 경우, 허위 신분으로 계약하거나 주택을 불법 영업장 등 불법적인 목적으로 활용한 경우 모두 갱신을 거절할 수 있습니다.

Q 집주인이 실거주하겠다며 계약 갱신을 거절했습니다. 갱신 계약을 했다면 세입자가 거주할 수 있는 기간은 2년인데, 이 기간이 지나기 전에 집주인이 다른 세입자를 찾아 임대할 수 있나요?

A 집주인이 실거주 기간 2년을 채우지 못하고 다시 임대한다면 원칙적으로 집주인은 세입자에게 손해배상을 해야 합니다. 손해배상액은 갱신 거절 당시 월 임대료의 3개월분에 해당하는 금액 등을 토대로 산출합니다. 다만 실거주하던 직계존비속이 갑자기 사망하거나, 실거주 중 해외 주재원으로 발령 난 경우 등 불가피한 사유 발생 시 손해배상 책임을 면할 수 있습니다.

참고로 세입자는 전입세대 또는 확정일자 열람 등을 통해 집주인이 실제로 거주하고 있는지를 확인할 수 있습니다.

그리고 묵시적 갱신이 되었을 때와 계약갱신요구권을 사용했을 때는 세입자는 임대차계약 기간 내 언제든지 집주인에게 계약 해지를 통고할 수 있습니다. 대부분 세입자가 묵시적 갱신 또는 계약갱신요구권을 사용했을 때 전 임대차와 동일한 조건으로 계약이 연장되어 계약 기간을 모두 채워야 한다고 잘못 알고 있습니다.

세입자가 집주인에게 계약 해지 통고를 한 날로부터 3개월이 지나면 계약 해지 효력이 발생합니다.

Q 그렇다면 세입자가 첫 임대차 계약이 만료되는 날로부터 6개월 전부터 2개월 전 사이에 임대인에게 계약 갱신요구권을 사용했는데, 갑작스런 사정으로 갱신된 임대차계약의 계약 기간 개시 전에 해지 통고를 한 경우에는 언제 효력이 발생할까요?

A 갱신된 임대차계약 기간 개시일부터 3개월이 아닌 임차인의 해지 통고가 임대인에게 도달한 때부터 3개월 후 해지의 효력이 발생한다는 대법원 판례가 있습니다. 주택 임대차보호법은 임차인을 위해 만들어진 법이라고 생각하면 됩니다. 그러니 알면 알수록 임차인에게 더 유리하고 보호받을 수 있는 권리를 행사할 수 있습니다.

여기서 잠깐! 지금 거주하는 집이 살기 편해 오래 머물 생각(최소 4년 이상)이라면 세입자인 저는 이런 생각을 할 수도 있을 것 같습니다. 첫 임대차계약이 만료되어가는 시점에 임대인에게 계약갱신요구권을 행사하지 않고, 집주인에게 새로운 계약을 다시 체결하자고 하는 것입니다. 그러면 새로운 계약을 체결하고 2년을 더 거주할 수 있고 2년 뒤에 또 계약갱신요구권을 행사할 수 있습니다. 다만, 이때 단점은 새로운 계약체결이기에 임대인이 보증금 또는 월세를 5% 상한선이 아닌 원하는 대로 조절할 수 있으며, 계약갱신요구권과 달리 무조건 계약 기간 2년을 채워야 합니다. 정리하면 집주인이 기존 계약과 보증금 월세를 변동시키지 않고 거주하고 있는 집에 오랫동안 머물 계획이라면 임대인에게 계약갱신요구권 행사가 아닌 새로운 계약을 체결하자고 제안해봅시다.

PART III

부동산 고수가
사회초년생에게 알려주는
부동산 상식

전세 사기

01

깡통전세란?

- 대표적인 전세 사기 유형인 깡통전세란 전세가격이 매매가격에 비슷하거나 더 높아진 상황에서 후속 세입자를 구하지 못한 채, 임대인은 보증금을 상환할 수 없다며 악의적으로 반환을 거부하는 것을 말한다.

☞ 이 문장은 O입니다. 집값과 비교해 전세금액이 너무 높은 경우를 깡통전세라고 합니다. 예를 들어 집값이 2억 원인데 전세가 2억 5,000만 원에 들어갔다고 치면 이후에 다음 세입자를 구하는 데 어려움이 있어, 결국엔 어쩔 수 없이 스스로 사야 하는 경우가 많이 있습니다. 그래서 깡통전세를 조심해야 합니다.

Q 다양한 방식으로 전세 사기가 이루어지고 있다고 들었는데, 어떤 유형들이 있나요?

A 매우 다양한 종류의 유형이 있습니다. 물론 그중에는 사기가 아니라 단순히 임대인이 금전이 없어 보증금을 반환하지 못할 때도 있습니다. 단순히 임대차보증금만 반환하지 못하는 경우는 채무 불이행이 되어서 형사처벌 대상은 되지 않고 민사소송으로 해결이 가능한 경우입니다.

이에 반해 전세 사기는 형사처벌이 가능한 사기 범죄에 해당하는 것입니다. 따라서 전세보증금을 가로챌 의사로 임차인을 속이는 어떤 기망행위를 했어야 인정됩니다. '깡통전세'는 전세 사기의 가장 대표적인 유형입니다.

Q '깡통전세'란 무엇인가요?

A 집주인은 세입자의 전세보증금을 활용해 자기자본을 최소화하고, 높은 부채비율로 주택을 취득합니다. 그러나 전세가격이 매매가격과 근접하거나 더 높아진 상황에서 후속 세입자가 쉽게 구해질 리 없습니다. 결국, 임대인은 보증금을 상환할 수 없다며 악의적으로 반환을 거부하는 것입니다. 이렇게 집값과 비교해 전세 금액이 너무 높은 경우를 깡통전세라고 합니다.

예를 들어 집값이 2억 원인데 전세가 2억 5,000만 원에 들어갔다고 치면, 임대차계약이 끝난 이후에 다음 세입자를 구하는 데 어려움이 있습니다. 집값보다 높은 전세가에 들어오려고 하는 사람이 있을 리가 없습니다. 그러면 어쩔 수 없이 세입자가 직접 임차권 등기하고 집을 경매에 넘기는 수밖에 없습니다. 그런데 낙찰이 될까요? 그것을 낙찰받아버리면 기존 세입자의 전세보증금 2억 5천만 원을 끌어안아야 합니다. 이런 상황에서 누가 입찰을 하겠습니까. 그래서 결국엔 어쩔 수 없이 스스로 사와야 합니다. 그런 경우가 제법 있습니다. 그래서 깡통전세를 조심해야 합니다.

Q 보증보험에 가입하면 안전하지 않나요?

A 보증보험에 가입하면 좋지만, 보증보험 가입도 무조건 가능하지 않습니다. 보증보험사도 집값을 고려합니다. 내가 집값이 2억 원인데 2억 5천만 원에 전세를 들어갔다면 그 2억 5천만 원은 적절한 가격이 아니므로 보증보험사도 보험을 들어주지 않습니다. 그래서 깡통전세를 피하려면 시세 파악을 잘하는 것이 매우 중요합니다.

Q 그럼 시세 파악은 어떻게 하면 좋을까요?

A 먼저 KB시세를 통해 계약하려는 부동산의 시세를 파악할 수 있습니다. 만약 해당 부동산이 KB시세가 나오지 않는다면, 이는 해당 건물 또는 단지에 거래사례가 많이 없기 때문입니다. 그렇다면 두 번째로 한국부동산원 부동산테크에서 시세를 검색해보면 됩니다. 한국부동산원 부동산테크에도 시세가 나오지 않는다면

부동산 공시가격 알리미 또는 국세청 홈택스를 통해 공동주택가격과 기준시가를 조회해야 합니다.

보통은 공동주택 가격의 126%가 그 집의 시세라고 보면 됩니다. 그래서 그 범위 안의 가격으로만 전세를 들어가면 전세 사기를 예방할 수 있고 보증보험 가입도 가능합니다.

하지만 매년 공동주택 공시가격은 변동됩니다. 올해는 공동주택 공시가격이 1억 원이었을 수 있지만 2년 뒤, 4년 뒤에 더 올라갈 수도 있고 내려갈 수도 있으므로 공동주택 가격의 110% 정도까지 전세 시세라고 보고 집을 알아보면 더 안전한 집을 찾아 계약할 수 있게 됩니다. 오피스텔도 마찬가지로 홈택스에서 오피스텔 기준시가를 통해 확인하고 공동주택과 동일하게 1적용해 전세가를 계산해보면 됩니다.

상대적으로 시세 파악이 좀 어려운 신축 빌라는 일단 깨끗하고 예쁘니까 그냥 들어가는 사람들이 많은데, 주변 시세를 꼭 참고해야 합니다. 대출을 받으면 은행에서 감정하는 때도 있습니다. 그런 식으로 시세를 파악하는 것도 방법이 될 수 있습니다.

02

시세 확인, 전세가율 꼭 따져보자

• 시장에선 안전한 전세가율을 80% 정도로 보고 있다.

> ☞ 이 문장은 X입니다. 시장에선 안전한 전세가율을 60% 정도로 보고 있습니다. 만약 전세가율이 높다면 경매로 집이 넘어갈 때 1순위 권리자(확정일자+전입신고)라고 해도 원금 보전이 어렵기 때문입니다.

"다른 데서 이 가격으로 전세 못 구해요."

전셋집 구할 때 한 번쯤 들어본 말입니다. '진짜 그런가?' 하고 믿는 순간 실수하기 마련입니다. 임대차계약이 끝나고 전세보증금을 문제없이 돌려받기 위해선 내가 구하는 전셋집의 보증금이 합리적인 가격이 맞는지 잘 따져 봐야 합니다. 시세뿐만 아니라 전세 물량, 입주 물량 등도 같이 보는 게 좋습니다.

깡통전세란 전세보증금이 매매가와 비슷하거나 더 높아 전세보증금을 돌려받기 힘든 전세를 말한다고 했습니다. 이를 피하기 위해선 '전세가율'을 필수로 봐야 합니다.

Q **전세가율이란 무엇을 말하는 건가요?**

A 주택 매매가격 대비 전세가격의 비율을 전세가율이라고 합니다. 가령 빌라 매매가격이 1억 원인데 전셋값이 7,000만 원이면 전세가율은 70%입니다.

Q **그렇다면 안전한 전세가율은 어느 정도인가요?**

A 시장에선 안전한 전세가율을 60% 정도로 보고 있습니다. 만약 전세가율이 높다면 경매로 집이 넘어갈 때 1순위 권리자(확정일자+전입신고)라고 해도 원금 보전이 어렵기 때문입니다.

만약 집값이 가파르게 하락하는 시기라면 전세가율을 더 보수적으로 보는 게 좋습니다. 가령 매맷값 1억 원짜리 빌라에 6,000만 원 전세로 들어갔는데 빌라가격이 낮아져 7,000만 원이 되면 전세가율은 60%에서 85.7%로 훌쩍 올라갑니다. 이렇게 되면 '(비교적) 안전한 전세'에서 '깡통전세'로 전락하게 됩니다.

Q 아파트처럼 단지 내 거래량이 많으면 시세 확인이 어렵지 않습니다. 그런데 매매 거래가 적은 신축 빌라나 다세대주택 등은 시세 파악이 어렵습니다. 이럴 때는 어떻게 해야 하나요?

A 국토교통부의 실거래가 조회 시스템을 이용해 최근 거래가격을 알 수 있습니다. 거래량이 적은 빌라의 경우 인근에서 비슷한 평형의 거래가격을 조회해서 내가 들어갈 전셋집의 전세가율이 높은지 낮은지 대략 계산해볼 수 있습니다.

여기서 주의할 점, 실거래가라고 다 정확한 건 아닙니다. 부동산이나 집주인들끼리 사고팔면서 매매가를 올리거나 업계약한 뒤 향후 계약을 취소하는 등 의도적으로 가격을 조작할 수도 있기 때문입니다. 이 같은 '전세금 부풀리기'를 피하려면 같은 지역의 여러 부동산 중개업소에 가격을 문의하는 것도 좋은 방법입니다.

시세에 맞게 계약을 했다고 해도 나중에 전셋값이나 매맷값이 크게 떨어지면 현금 여력이 부족한 집주인의 경우 빚을 내서 전세보증금을 돌려줘야 하는 상황이 생길 수 있습니다. 바로 '역전세난'입니다. 역전세난은 전셋값이 계약 당시보다 낮아져 집주인이 세입자에게 보증금을 돌려주는 게 어려워진 상황입니다.

주로 금리가 빠르게 오르고 있을 때 발생하기 쉽습니다. 여기에 공급물량까지 많다면 '공급 > 수요' 현상이 심화하면서 전셋값이 가파르게 떨어질 수 있습니다. 그러므로 입주 물량을 주의 깊게 봐야 합니다. 고금리가 지속하는 상황에서 입주 물량까지 늘어나면 전세 수요가 분산되고 월세 수요가 늘면서 역전세난이 가속화 할 수 있으니 주의해야 합니다.

전세에서 월세로 전환하는 수요도 높아지고 있습니다. 전세보증금 일부를 월세로 전환하는 것이라 비슷한 실거래가를 찾기 어려울 수 있습니다. 이럴 땐 '전월세전환율'에 따라 적정한 가격을 계산해 봐야 합니다.

전월세전환율이란 단어 그대로 전세에서 월세로 전환할 때 적용하는 비율입니다. 현행 주택 임대차보호법에 따라 '한국은행 기준금리(현행 3.0%) + 대통령령으로 정하는 이율(현행 2.0%)'이 상한입니다. 현재는 5.0%입니다.

전세에서 월세로 전환할 때, 월세로 전환할 보증금에 전월세전환율을 곱한 뒤 12개월로 나누면 됩니다.

Q 그럼 전세보증금 3억 원짜리 전셋집을 보증금 2억 원으로 낮추고 나머지 1억 원에 대해선 월세로 전환한다면 어떻게 계산되나요?

A 다음과 같이 계산하면 41만 6,666원이 월세가 됩니다.

- 1억 원 × 5.0% ÷ 12 = 41만 6,666원

인터넷 검색포털에서 '전월세전환율 계산기'를 활용하면 자동으로 값을 구할 수 있습니다. 다만 기준 금리나 대통령령 이율이 수시로 바뀌기 때문에 전월세전환율은 자주 확인해야 합니다.

03

전세보증보험 가입이 중요하다

• 공시가격의 150%가 그 집의 시세라고 보면 됩니다. 그래서 그 범위 안의 가격으로만 전세를 들어가면 전세 사기를 예방할 수 있고 보증보험 가입도 가능하다.

☞ 이 문장은 X입니다. 보통은 공동주택 가격의 126%가 그 집의 시세라고 보면 됩니다. 그래서 그 범위 안의 가격으로만 전세를 들어가면 전세 사기를 예방할 수 있고 보증보험 가입도 가능합니다.

부동산 경기가 침체로 전국 곳곳에서 세입자에게 전세금을 돌려받지 못하는 전세 보증사고가 속출하면서 전세를 포기하거나 망설이는 사람들이 늘고 있습니다. 특히 젊은 직장인들이 많이 찾는 원룸 및 신축 빌라에서 전세 사기가 이뤄지는 경우가 많습니다.

Q 사기 유형과 예방법은요?

A 대표적으로 임대인이 자기 돈을 한 푼도 들이지 않고, 전세보증금을 받아 잔금을 치르는 방식으로 빌라를 다수 매입한 '무자본 갭투자'를 들 수 있습니다. 이런 무자본 갭투자는 임대인들이 전세 가격을 빌라의 시세보다 높게 부르는 경우가 많습니다. 특히 정보가 제한적인 신축 빌라에서는 가격을 높게 불러도 확인할 방법이 많지 않아 이런 피해가 자주 발생합니다.

빌라 집주인은 세입자와 임대차계약을 체결함과 동시에 페이퍼컴퍼니와 전세금액과 같은 가격으로 부동산매매계약을 체결한 뒤 잠적하는데, 세입자는 임대차계약이 만료되고 보증금을 돌려받을 시점에서야 사기를 당했다는 사실을 알게 됩니다. 이때는 이미 세입자가 계약체결 시 낸 전세보증금을 바지사장과 악덕중개업자들이 나눠 가진 상태입니다. 소유주가 바뀌어도 임대차계약은 승계되지만, 페이퍼컴퍼니는 보증금을 지급할 능력이 없으므로 보증금을 돌려받으려면 경매에 넘겨야 합니다. 그러나 경매에 넘겨도 집값이 보증금보다 낮아 보증금 전액을 돌려받을 수 없는 경우가 대부분입니다. 설상가상으로 임대인에게 체납 세금까지 있으면 피해자는 1순위 채권자에서도 밀려납니다.

전세 사기의 경우, 건축업자와 악덕 부동산 중개인들이 공모하는 경우가 많아 개인이 예방하기 쉽지 않습니다. 전세가율 등을 확인하고 싶어도 공인중개사가 이를 거짓으로 알려줄 가능성이 크기 때문입니다. 그러므로 개인이 이런 전세 사기 유형에 대비하려면 전세보증금보험에 필수적으로 가입해야 합니다.

Q 그런데 보증보험은 무엇인가요?

A 전세계약 해지 또는 종료 후 1개월까지 정당한 사유 없이 전세보증금을 반환받지 못하거나 전세계약 기간 중 전세묵적물에 대하여 경매 또는 공매가 실시되어, 배당 후 전세보증금을 반환받지 못하였을 경우 보증사고로 보고 보증보험사가 우선 세입자 또는 대출 은행에 보증금을 반환해주고, 집주인에게 구상하는 보험을 의미합니다. 대표적으로는 SGI 서울보증보험 그리고 주택도시보증공사(HUG)가 있습니다.

단, 보증보험도 무조건 가능한 것이 아닙니다. 보증보험사도 집값을 고려합니다. 집값이 3억 원인데 4억 원에 전세를 들어갔다면 그 4억 원은 적절한 가격이 아니므로 보증보험사도 보험을 들어주지 않습니다. 그래서 깡통전세를 피하려면 시세 파악을 잘하는 것이 무엇보다 중요합니다.

다시 강조하지만, 임대차계약을 할 때 전세보증금반환 보증보험에 꼭 가입하는 것이 좋습니다. '만약 계약 이후 보증보험 가입이 불가할 경우, 계약금이나 잔금 전액을 반환받는다'라는 특약을 꼭 삽입해야 더불어 HUG(허그)안심전세어플을 통해 임대인정보조회 -

안심임대인조회를 하여 임대인이 HUG에 보증채무가 존재하는지 HUG전세보증사고 접수건이 존재하는지 꼭 확인해야 합니다. 대출로 인해 질권설정이 되어있거나 악성 임대인으로 등재되어있는 등의 이유로 보증보험 가입이 불가능할 때가 있기 때문입니다. 보증보험 가입 시에도 전입신고를 당일에 하고, 보증보험사로부터 보증금 반환받을 때까지 이사를 가면 안 되는 규정 등을 사전에 꼼꼼히 확인하고 모두 지켜야 합니다. 나중에 보증보험 신청 시 반려되는 경우가 있습니다.

Q 보증보험 가입을 꼭 하고, 불가능할 때는 반환 문구 기재, 그리고 보증보험사에서 요구하는 규정들을 꼭 지키는 것이 중요하군요.

A 그리고 '잔금 입금 익일 자정까지 임대인은 현재의 권리 관계 상태를 유지한다'라는 문구를 삽입해야, 전입 신고일에 근저당권을 설정하는 것을 막을 수 있습니다. 전입신고의 효력은 다음날 발생하는 반면 근저당권은 당일부터 효력이 발생하기 때문입니다. 그리고 마찬가지 선상에서 '임대인 변경 시 사전에 통지한다'라는 문구도 기재해야 합니다. 참고로 세입자도 모르게 살고 있는데 갑자기 집주인이 집을 다른 사람에게 파는 경우가 있습니다. 일반적인 상황에는 새로운 임대인이 모든 지위를 승계하기 때문에 문제 되지 않지만, 혹시나 걱정되어 계약을 해지하고 싶다면, 임대인 변경을 '알게 된 날로부터 수일 내'에는 임대차계약 기간이 남아있더라도 계약 해지할 수 있습니다. 새로운 집주인으로 바뀌는 것이 불안하다면, 바로 계약 해지를 하기를 바랍니다.

A 네, 그리고 집주인이 바뀐 때에는 보증보험에 가입한 사람들의 경우에는 보증보험사에 임대인 변경신청을 한 뒤 보증서를 다시 발급받아야 하니 이 부분도 알아두면 좋습니다.

참고로 현재 임대사업자로 등록된 임대인은 임대보증금 보험 가입이 의무화되어 있지만, 임대사업자가 아닌 일반 다주택자의 경우 가입이 의무가 아니라 임차인이 가입해야 합니다.

현재 주택도시보증공사(HUG) 보증보험 가입을 신청하면 심사 시까지 최소 3개월~6개월 이상 시간이 소요됩니다. 가입 건수는 계속 증가하고 인력은 한정적이니 많은 시간이 소요됩니다. 이렇게 보증보험 가입 심사 시까지 꽤 오랜 시간이 걸리다 보니 많은 세입자가 몇 개월 동안 보증금에 대한 안전장치(보증보험) 없이 지내야 하는 상황이 발생하고 있습니다. 그리고 몇 개월 뒤 심사를 할 때 해당 건물의 시세가 변동되었거나 공시가격, 기준시가가 변경되어 체결한 계약의 전세가가 심사 기준보다 높은 경우 보증보험 가입이 거절되는 사례가 발생할 수도 있습니다. 그러므로 특약 사항에 건물의 시세 변동이나 공시가격, 기준시가 변동으로 인해 보증보험이 가입이 안 될 때, '임대인은 보증보험 가입 가능 전세가에 맞춰 계약서를 다시 써주기로 하며 차액 전세금은 임차인에게 즉시 반환한다.'라는 문구를 넣어둘 필요도 있습니다.

그리고 주택도시보증공사(HUG)에서 공시가격 기준 및 담보인정비율(전세가율)을 축소하는 방안을 검토하고 있습니다. 앞서 전세보증보험 가입 한도를 공시가격의 150%를 126%로 축소하여 현재 운영하고 있었으며, 추후 공시가격의 112%까지 축소할 수도 있습니다. 전세보증보험 가입 한도를 112%까지 축소할 경우 기존 전세 계약 10건 중 7건은 가입이 불가할 것으로 보입니다. 임대인은 전세가율이 하락한 만큼 자기자본을 마련하여 차액만큼 임차인에게 돌려주고 계약서를 다시 작성하거나 새로운 세입자를 구할 때 자기자본을 더해서 기존 세입자를 내보내고 새로운 세입자를 들여야 하는 상황이 됩니다. 모든 임대인이 여유자금이 있으면 좋겠지만 없는 경우 기존 세입자가 이사를 해야 하는 상황에서 새로운 세입자가 구해지지 않아 이사가 힘들어질 수도 있는 상황이 또 한 번 올 수도 있습니다. 그러므로 전셋집을 계약할 때는 빠져나올 때도 고려하면서 전셋집을 구해야 합니다. 그리고 보증보험을 가입했더라도 계약기간이 만료된 후 묵시적 갱신 또는 계약갱신요구권을 청구하기 전에 보증보험도 갱신이 되는지 확인해봐야 합니다. HUG(허그)보증보험같은 경우 갱신 신청시에도 심사시점에 따라 보증보험 담보인정비율 등 기준이 변동이 있을 경우 변동된 기준으로 심사를 합니다. 임대차계약을 갱신했다고 보증보험도 자동으로 갱신되는 것이 아니니 계약 갱신 전에 보증보험 재가입(갱신)이 되는지부터 알아봐야 합니다.

03

집주인이 전세금을
돌려주지 않는다면?

• 임차권등기는 전월세 계약이 끝난 후에도 집주인이 보증금을 반환하지 않을 때, 세입자가 보증금 돌려받을 권리를 유지하기 위해 법원에 신청하는 거다. 이 등기를 마친 세입자는 이사를 나가더라도 대항력과 우선변제권이 유지된다.

　　☞ 이 문장은 O입니다. 임대차계약이 끝나도 집주인이 돈을 안 준다면 이때는 법원에 임차권등기명령을 신청해야 합니다. 다른 곳으로 이사하게 된 세입자가 보증금을 못 받고 다른 데로 전출신고를 하면 대항력이 사라집니다. 이를 대비해 법적으로 보증금을 받을 권리를 지켜달라고 신청하는 것이라고 이해하면 됩니다.

주택 임대시장이 점차 전세에서 월세로 전환되는 추세지만, 여전히 전세에 대한 선호도는 아직 큽니다. 아무래도 전세의 장점이 많기 때문입니다. 그런데 전세보증금은 고액인 경우가 많은데, 전세금을 제때 돌려받지 못하거나 전세 사기를 당할 위험도 있습니다.

다시 강조하지만, 입주할 때 전입신고와 확정일자를 받는 것이 제일 중요합니다. 이 두 개를 해야 돈을 돌려받을 수 있는 권리인 '대항력'과 '우선변제권'이 생기기 때문입니다. 전입신고는 '나 여기 살게 됐다'라고 행정관청에 알려주는 겁니다. 집에 들어와 산 지 14일 내로 주민센터를 가거나 인터넷으로 해야 합니다. 확정일자는 관청이 '이날 임대차계약을 했다'라고 확인하는 날짜입니다. 전입신고를 했더라도 주민센터나 온라인으로 확정일자를 받아야 나중에 경매로 집이 넘어갔을 때 후순위 채권자보다 우선해서 보증금을 건질 수 있습니다.

계약 만기 최소 두 달 전에는 떠나겠다고 말해야 합니다. 계약이 끝나기 6개월부터 2개월 전까지 집주인이나 세입자가 계약에 대해 논하지 않았다면 그대로 다시 계약하는 것으로 보기 때문입니다. 이를 '묵시적 갱신'이라고 합니다. 불상사를 방지하기 위해 계약을 연장할 의사가 없다고 집주인에게 분명히 말하는 겁니다.

Q 임대차계약이 끝났는데도, 집주인이 강경하게 '다음 세입자를 구할 때까지 돈 못 주겠다'라고 하며 전세보증금을 돌려주지 않는다면 어떻게 해야 하나요?

A 먼저 세입자는 '내가 의사를 확실히 표현했다'라는 법적 증거를 만들어 두는 내용증명부터 보내는 게 좋습니다. 소송에 대비하기 위한 기본 단계이면서 집주인에게 강한 의지를 보여주는 효과도 있습니다. 우체국을 통해 직접 발송이 가능하고, 변호사를 선임해 보낼 수도 있습니다.

그리고 계약이 끝나도 집주인이 돈을 안 주면 이때는 법원에 임차권등기명령을 신청해야 합니다. 다른 곳으로 이사하게 된 세입자가 보증금을 못 받고 다른 데로 전출신고를 하면 대항력이 사라집니다. 이를 대비해 법적으로 보증금을 받을 권리를 지켜달라고 신청하는 것입니다.

Q 임차권등기명령은 어떻게 신청하는 건가요?

A 임차권등기명령을 신청하려면 기본적으로 임대차계약 기간이 종료돼야 합니다. 중요한 점은 세입자가 집주인에게 정확히 계약해지 의사표시를 해야 한다는 것입니다.

법무사 등에게 맡길 수가 있는데 비용은 40만 원 정도입니다. 하지만 직접 본인이 서류를 준비해 신청한다면 비용은 4만3,000원 정도로 해결됩니다.

법원 전자소송 사이트에서 임차권등기명령을 신청할 수 있는데 아직은 직접 법원을 찾아 신청하는 게 일반적입니다.

신청을 위해선 세입자가 임대한 건물의 소재지 관할 법원에 가야 합니다. 예를 들어 서울 노원구, 강북구, 도봉구, 동대문구, 성북구, 중랑구라면 서울북부지방법원, 성동구, 광진구, 강동구, 송파

구라면 서울동부지방법원이 관할 지방법원입니다.

필요한 서류 중 신청자가 직접 작성해야 할 서류는 다음 2가지입니다.

· 임차권등기명령 신청서: 보증금을 돌려받아야 하는 세입자가 작성하는 문서입니다. 신청서에는 본인과 임대인의 정보, 임대차계약 일자, 임차보증 금액, 점유개시 일자, 확정일자 등을 적어야 합니다.

· 부동산 목록(부동산의 표시) 작성: 등기부등본상에 나와 있는 '1동 건물의 표시'와 '전유부분의 건물의 표시' 부분을 옮겨 적으면 됩니다. 주택의 일부분을 임차했을 때는 임대차 목적이 되는 부분의 도면을 그려 제출해야 합니다.

첨부해야 할 서류는 다음과 같습니다.

· 건물 등기부 등본: 인터넷으로도 뗄 수 있고, 주민센터 등에 있는 무인 발급기에서도 뗄 수도 있습니다. (다만 무인 발급기에 따라 등기부 등본 출력이 안 되는 곳도 많습니다.)

· 확정일자를 받은 임대차계약서(전월세 계약서) 사본

· 주민등록등본(초본): 주소 변동사항이 나오게 출력해야 합니다.

· 임대차계약 종료를 입증하는 통지서 자료: 만약 문자메시지로 통

지했다면 문자 내용을 출력해 제출하거나 내용증명을 제출하면 됩니다.

· 송달료와 인지대, 증지(등기신청 수수료), 등록면허세 비용을 낸 영수증: 비용은 대략 송달료 3만1200원을 포함해 약 4만3000원이 필요한데 현금으로만 납부 가능합니다.

　정상적으로 임차권등기 서류가 접수되면 법원에서 심사가 진행돼 3~4일 이내에 결정문이 나옵니다. 문제가 발생해 보정명령이 내려지면 법원에 서류를 보완해야 합니다.

　임차권등기명령은 판결에 의한 때에는 선고를 한때에, 결정에 의한 때에는 임대인에게 고지한 때 그 효력이 발생합니다. 통상 결정으로 하는 경우가 많은데 이때에는 결정정본을 임대인에게 송달하게 되고 법원에서는 결정문을 등기소로 보내 임차권이 기재됩니다.

　그래도 안 준다면, 이제 남은 건 소송입니다. 보증금 반환청구 소송을 제기해 재판을 받는 겁니다. 인터넷 전자소송을 통해 가능합니다. 단, 본소송에 들어가기 전에 지급명령을 신청할 수 있습니다. 그러나 장단점이 있습니다. 지급명령은 보통 한 달 안에 나오는데 집주인이 곧바로 돈을 줄 수 있지만, 반대로 이의신청을 할 수도 있습니다. 이의신청 시 결국 보증금 반환청구 소송으로 가야 합니다. 시간만 낭비하고, 전세대출 이자 등 돈만 계속 나갈 수도 있는 것입니다.

　소송을 통해 판결을 받으면 강제집행을 할 수 있는데, 보통 임대인의 다른 재산을 알기가 쉽지 않기 때문에 임차목적물을 경매에 넣는 경우가 많습니다. 문제는 아파트와 달리 빌라나 단독, 다가구의 경우에는 경매에서 쉽게 낙찰이 되지 않는다는 사실입니다. 여러 번 유찰되면 경매가 취소될 수도 있습니다. 따라서 울며 겨자 먹기로 집을 떠안는 사례들이 많습니다.

만약 집주인 동의하에 전세권 등기를 해 놨다면 별도 소송 없이 경매로 갈 수 있습니다. 소송 후 강제집행까지는 2년 정도가 걸립니다. 생각보다 길죠? 긴 시간 신경 써야 할 게 많다 보니 사실 집주인과 원만하게 합의하는 게 가장 좋습니다.

참고로 집주인은 "당장 돌려줄 돈이 없는데 어쩌냐"며 난처한 상황일 것입니다. 이들을 돕기 위한 정책도 나오고 있습니다. 2023년 1월부터 접수를 시작한 특례보금자리론입니다. 9억 원 이하 주택에 소득과 상관없이 5억 원까지 빌릴 수 있는 주택담보대출(주담대) 상품입니다. 집주인이 전세금을 돌려주기 위해 대출받는 것도 가능합니다. 연 4%대 금리라 시중금리와 비교해 크게 매력적이지 않다는 목소리도 있지만, 총부채원리금상환비율(DSR)을 적용받지 않아 대출이 막혔던 임대인(집주인)에겐 유용할 듯합니다.

04

이럴 때는
셀프낙찰하자

• 전세보증보험에 가입해 있지도 않고, 집주인이 돈이 없다면서 세입자에게 전세보증금을 돌려주지 않는 경우, 집값이 보증금보다 낮다면 직접 낙찰을 받을 수도 있다.

☞ 이 문장은 O입니다. 이럴 때 할 수 있는 게 '경매'입니다. 세들어 살고 있던 집을 강제로 팔아 그 돈으로 보증금을 되찾는 방법입니다. 집값이 보증금보다 낮다면 세입자가 직접 낙찰을 받을 수도 있습니다. 직접 낙찰의 경우 본인의 전세보증금만큼 낙찰을 받아서 상계신청을 하면 됩니다. 전세보증금을 경매 낙찰 잔금 대신으로 상계하겠다는 것입니다. 모든 절차가 끝나면 소유권 이전을 하고 취득세도 내야 합니다.

최근 임대차계약 기간이 만료돼도 보증금을 돌려받지 못하는 세입자가 급속히 증가하고 있습니다. 임대차계약 해지 또는 종료 후 1개월 내 정당한 사유 없이 보증금을 되돌려 받지 못했거나, 계약 기간 중 경매 또는 공매가 진행돼 배당 후 세입자가 보증금을 받지 못한 경우 등입니다. 집값 하락으로 전셋값이 오히려 높아지는 '역전세' 현상 등이 발생한 게 영향을 미친 것으로 생각됩니다.

Q 돈이 없다고 말하면서 집주인이 전세보증금을 돌려주지 않습니다. 전세보증보험에 가입되어 있지도 않고 눈앞이 캄캄합니다. 집주인이 뻔뻔하게 나오는 걸 봐서는 전세보증금을 돌려받을 길이 없을 것 같습니다.

A 이럴 때 할 수 있는 게 '경매'입니다. 세 들어 살고 있던 집을 강제로 팔아 그 돈으로 보증금을 되찾는 방법입니다. 집값이 보증금보다 낮다면 세입자가 직접 낙찰을 받을 수도 있습니다.

Q 경매, 나도 할 수 있을까요?

A 세입자가 전세보증보험에 가입했다면 HUG 등 보증기관을 통해서 보증금을 보장받을 수 있습니다. 그렇지 않다면 법의 힘을 빌려 강제로 받아내는 수밖에 없죠. 그 대표적인 방법이 강제 경매입니다. 강제 경매는 채무자가 빚을 갚지 않을 때 채권자가 채무자의 부동산을 압류하고 매각해 그 매각대금으로 빚을 받아내는 절차입니다. 먼저 채권자(세입자)가 채무자(집주인)를 상대로 소송을 걸어 승소판결을 받은 뒤 경매 절차를 밟을 수 있습니다. 경매

절차는 다음 순입니다.

'강제 경매 신청 → 강제 경매개시의 결정 → 배당요구의 종기 결정 및 공고 → 매각 준비 → 매각 실시 → 매각결정 절차 → 매각 대금 납부 → 배당절차 → 소유권이전등기와 인도'

세입자는 집이 팔리고 그 매각대금을 배당할 때 전세보증금을 돌려받을 수 있습니다. 이때 세입자의 배당 순위가 중요합니다. 순위대로 돈을 배당받기 때문입니다.

배당 순위는 경매집행 비용, 취득자가 경매 부동산에 투입한 유익비, 소액 임차보증금 중 최우선변제액과 3개월간의 임금 및 퇴직금, 국세 및 지방세(당해세), 우선변제권(대항력을 갖춘 저당권과 임차보증금채권 중 우선순위), 일반 임금채권, 국세 및 지방세(저당권 전세권보다 늦게 설정된 세금), 보험료 및 공과금, 가압류 등 일반채권 등의 순입니다. 세입자가 전세보증금을 최대한 돌려받기 위해선 3순위인 최우선변제권 요건을 갖춰야 합니다. 확정일자, 점유, 전입신고, 배당요구 등이 돼 있어야 합니다.

하지만 경매로 집을 팔아도 오히려 낙찰금액이 전세보증금보다 낮아 돈을 얼마 돌려받지 못하는 때도 있습니다. 집값 하락기엔 더 그렇습니다. 전세세입자가 있는 경우 응찰하려는 사람이 별로 없어 유찰되면서 낙찰금액이 깎이기도 합니다. 유찰될 때마다 최초 감정평가 금액의 약 20%씩 낮춰 낙찰을 받기 때문입니다. 울며 겨자 먹기로 직접 낙찰을 받는 임차인이 많아진 이유입니다. 경매 신청을 한 뒤 입찰에 참여해서 직접 낙찰을 받는 방법입니다. 강제 경매 신청을 하면 법원에서 집을 감정하고 평가해서 경매 첫 입찰가가 결정됩니다.

입찰일과 시간이 정해지면 법원에 가서 입찰하면 됩니다. 입찰 봉투와 기입 입찰표에 사건 번호, 물건 번호, 입찰자, 입찰가격, 보증금액 등을 적고 도장을 찍은 뒤 입찰보증금을 넣고 동봉해 제출하면 됩니다.

단독 입찰이면 최저매각가격을 제시하면 됩니다. 입찰자가 여럿이라면 입찰 금액이 가장 큰 사람이 낙찰되는 만큼 적당히 가격을 적어내면 됩니다. 단 1원 차이로도 낙찰을 못 받을 수 있으니 눈치 게임이 필요할 수 있습니다. 낙찰을 받으면 '매각허가결정 → 항고기간 → 잔금 납부 → 배당 기일' 순으로 진행됩니다.

직접 낙찰의 경우 본인의 전세보증금만큼 낙찰을 받아서 상계신청을 하면 됩니다. 전세보증금을 경매 낙찰 잔금 대신으로 상계하겠다는 것입니다. 모든 절차가 끝나면 소유권 이전을 하고 취득세도 내야 합니다.

그리고 주의해야 할 점은 대항력 있는 임차인이 경매절차에서 셀프 낙찰을 받는 경우에는 배당요구종기일 내에 권리신고와 배당요구를 해야 추후에 상계신청이 가능하다는 사실입니다. 권리신고와 배당요구를 하지 않은 상태에서 낙찰을 받는다면 임차인은 제일 중요한 대항력을 상실하게 되는 결과가 됩니다. 그러므로 셀프 낙찰을 생각하고 있다면 꼭 권리신고와 배당요구를 해야 합니다.

Q 셀프 낙찰 후 매매가 안 된다면 어떻게 해야 하죠?

A 요즘같이 부동산 경기가 좋지 않을 때는 부동산 매매가 쉽지 않습니다. 특히 오피스텔이나 다세대주택 등 아파트가 아닌 부동산은 더 쉽지 않다고 생각해야 합니다. 이런 경우에는 우선 전세를 놓는 것이 좋습니다. 우선 적절한 전세가를 파악하기 위하여 KB시세와 한국부동산원 부동산테크 시세를 검색해보고 없다면 공동주택(다세대주택 등)인 경우에는 부동산 공시가격 알리미에 나오는 금액의 126%, 오피스텔의 경우 홈택스 기준시가의 126%를 전세가로 보고 전세를 내놓고 이와 동시에 여러 부동산에 매매도 함께 내놓으면 좋습니다.

Q 그럼 어쩔 수 없이 유주택자 가 된 건데, 이제 청약 기회는 사라진 건가요?

A 다행히 2023년 5월부터는 이렇게 불가피하게 임차주택을 낙찰받아도 무주택 청약 혜택이 유지됩니다.

임차보증금을 반환받지 못한 임차인이 경매 또는 공매로 임차주택을 낙찰받은 경우, 전용면적 85㎡ 이하면서 공시가격이 수도권 3억 원(지방 1억 5,000만 원) 이하면 무주택이 인정됩니다. 대신 청약신청 후 임대차계약서, 경매 또는 낙찰 증빙서류, 등기사항증명서 등의 자료를 사업 주체에 제출해야 합니다.

PART
IV

부동산 고수가
사회초년생에게 알려주는
부동산 상식

세금

01

월세
최대한 돌려받자

• 올해 9월에 직장생활을 시작한 사회 초년생이다. 올해 7월부터 내년 6월까지 1년간 임차계약을 했다. 이번 연말정산에서는 7월부터 연말까지 낸 월세 모두 세액공제 가능하다.

👉 이 문장은 X입니다. 월세 세액공제는 근로소득이 있는 직장인만 공제를 받을 수 있습니다. 그러므로 회사에 입사해서 직장인이 된 기간 중 올해 임차일수에 해당하는 9월에서 12월까지 월세액에 대해서만 공제받을 수 있습니다.

직장생활을 시작한 사회 초년생이라면 특히 '월세 세액공제'에 주목할 필요가 있습니다. 또한, 최근 높은 전셋값에 기존 전세를 '반전세'로 돌린 직장인도 마찬가지입니다. 반전세란 보증부월세라고도 하는데, 전세보증금 일부와 월세를 합쳐서 임대료를 내는 방식입니다. 따라서 전세를 반전세로 돌릴 경우, 전세보증금 일부가 월세 보증금으로 전환됩니다. 예를 들어, 전세보증금 1억 원 집을, 보증금 5,000만 원으로 낮추고 월세로 50만 원씩 주기로 했다면, 보증금 5,000만 원은 월세 보증금이 됩니다.

2024년부터 연봉에서 비과세 소득을 제외한 총급여로 7,100만 원을 받는 직장인도 월세 세액공제를 받을 수 있게 됐습니다. 2023년까지는 7,000만 원까지만 가능했기 때문에 7,000만 원에서 100만 원만 더 받아도 공제대상에서 제외됐습니다. 하지만 세법이 개정되어 2024년부터는 총급여 8,000만 원 이하 직장인 월세 세입자도 세액공제가 가능합니다. 월세 세액공제 소득 기준이 총급여 7,000만 원 이하(종합소득금액 6,000만 원 이하)에서 총급여 8,000만 원(종합소득금액 7,000만 원) 이하로 1,000만 원 올랐기 때문입니다.

월세액 세액공제는 총급여액에 따라, 공제율이 다릅니다. 총급여액이 5,500만 원 초과 ~ 8,000만 원 (종합소득 7,000만 원) 이하인 무주택 직장인이 주택, 주거용 오피스텔, 고시원 등을 임차하는데, 지급한 월세액의 15% (연 1,000만 원 한도)가 세액공제가 됩니다. 총급여액이 5,500만 원(종합소득 4,500만 원) 이하라면 세액공제율은 17%로 커집니다. 다음 표를 참고합시다.

월세액 세액공제 소득 기준·한도 상향

구분	종전	개정
대상	총급여 7천만 원 (종합소득금액 6천만 원) 이하, 무주택 근로자 및 성실 사업자 등	총급여 8천만 원 (종합소득금액 7천만 원) 이하, 무주택 근로자 및 성실 사업자 등
공제율	월세액의 15% (17%)	월세액의 15% (17%)
공제 한도	750만 원	1,000만 원

자가가 있는데 월세를 사는 직장인은 세액공제를 받을 수 없습니다. 무주택 직장인만 해당합니다. 월세로 사는 집이 너무 크거나 비싸도 세액공제 대상에 해당하지 않습니다. 월세 집은 기준시가 4억 원 이하여야 합니다.

집주인의 동의나 확정일자가 공제의 필수조건은 아니지만, 임대차계약서상 주소지와 주민등록표 등본 주소지가 같아야 공제가 가능하니 전입신고를 해야 합니다.

Q 총급여 7,000만 원인 직장인입니다. 기준시가 3억 원 오피스텔을 월 90만 원 (연 1,080만 원) 월세를 주고 있습니다. 월세 세액공제를 받을 수 있는 금액은 얼마인가요?

A 1년 동안 월세로 1,080만 원을 지출했어도, 공제 한도가 있어 1,000만 원만 세액공제 대상 금액이 됩니다. 총급여액이 5,500만 원을 넘는 경우라서 공제율은 15% (지방소득세 제외)가 적용되고, 다음과 같은 계산법에 따라 공제금액은 150만 원이 됩니다.

- 월세 세액공제액 = 1,000만 원 × 15% = 150만 원

Q 올해 9월에 직장생활을 시작한 사회 초년생입니다. 올해 7월부터 내년 6월까지 1년간 임차계약을 하고 매월 월세로 50만 원을 주고 있습니다. 이번 연말정산에서는 7월부터 연말까지 낸 월세가 모두 세액공제 대상이 되나요?

A 월세 세액공제는 근로소득이 있는 직장인만 공제를 받을 수 있습니다. 따라서 회사에 입사해서 근로소득자가 된 기간 중 올해 임차일수에 해당하는 월세액(9월~12월분) 200만 원에 대해서만 공제받을 수 있습니다.

Q 월세로 거주하고 월세 세액공제 요건을 모두 충족하여 지금까지 계속 월세 세액공제를 받아왔습니다. 그러다가 2024년 10월에 결혼하게 되어 기존의 월세 집에서 10월까지 거주하다가 11월에 신혼집인 전세집으로 이사했습니다. 신혼집 관련 전세 계약과 대출은 모두 배우자가 실행했으며, 저와 배우자 모두 무주택자로 배우자가 2024년 귀속 연말정산 때 주택임차차입금 원리금 소득공제를 받을 예정이고, 세대주는 배우자이며 저는 세대원입니다. 10월까지 지출한 월세에 대해서 연말정산 때 월세 세액공제를 적용받을 수 있나요?

A 다시 말하지만, 과세기간 종료일 현재 주택을 소유하지 않은 세대의 세대주 (일정 요건의 세대원 및 외국인 포함)로써 총급여액이 8천만 원 이하인 직장인이 월세를 지급하는 경우 월세액(1,000만 원 한도)의 15%(17%)에 해당하는 금액을 해당 과세기간의 종합소득산출세액에서 공제하는 것을 월세 세액공제라고 합니다.

여기서 '일정 요건의 세대원'이란 세대주가 월세액 세액공제, 주택마련저축, 주택임차차입금 원리금 상환액 및 장기주택저당차입금 이자 상환액 공제를 받지 않는 세대의 구성원을 말합니다. 따라서, 과세기간 종료일 (2024년 12월 31일) 현재 세대주가 주택임차차입금 원리금 상환액 소득공제를 받을 예정이므로 일정 요건의 세대원에 해당하지 않아 월세 세액공제를 적용받을 수 없습니다.

월세액 세액공제 관련해 2017년부터 공제대상이 되는 주택에 '준주택 중 다중생활시설(고시원)'이 추가되었습니다. 따라서 2017년부터는 고시원에 살면서 월세를 지급해도 세액공제를 받을 수 있습니다. 그리고 종전에는 직장인이 세액공제를 받기 위해서는 반드시 본인이 월세 계약자여야 했습니다. 그러나 2017년부터는 직장인의 기본공제 대상자(배우자 등) 이름으로 월세 계약을 한 경우에도 근로자가 월세 세액공제를 신청할 수 있습니다. 물론 배우자 등이 소득이 있다면 불가능합니다. 소득이 있다면 기본공제대상자가 될 수도 없기 때문입니다.

참고로 셰어하우스를 이용하는 사람도 월세 세액공제를 받을 수 있습니다. 별도 생계를 유지하는 셰어하우스 이용자는 월세 공제요건인 세대주·계약자가 아니라도, 부담한 월세에 대해 15%(17%) 세액공제 받을 수 있습니다. 주민등록등본, 임대차계약서 사본, 월세 이체 내역 등 입증서류를 회사에 제출하면 됩니다.

Q 그럼 총급여가 8천만 원을 초과하는 직장인은 월세 세액공제를 적용받을 수 없는 건가요?

네, 그렇습니다. 하지만 총급여가 8천만 원을 초과하는 월세 거주 직장인은 차선책으로 현금영수증 등록을 통해 소득공제를 노려볼 수 있습니다.

월세에 대한 현금영수증은 납세자가 집주인에게 신청하는 것이 아니라 국세청 홈택스에 접속해 신청할 수 있습니다. 홈택스에 공인인증서로 로그인 후 '상담/제보 → 현금영수증 민원신고 → 주택 임차료 민원신고'로 들어가면 월세에 대한 현금영수증을 신청하고 발급받을 수 있습니다.

여기서 임대인의 주민등록번호와 이름, 임대주택의 주소와 월세 지급일, 계약 기간, 월세 금액 등을 입력하고 임대차계약서를 스캔해 등록하면 신청이 완료됩니다. 이렇게 홈택스에서 현금영수증 발급이 가능하니 집주인에게 현금영수증 발급해 달라고 굳이 요청하지 않아도 됩니다. 최초 신고 후 임대차계약서의 계약 기간 중 월세 지급일에 국세청에서 현금영수증을 발급하므로 매월 별도 신고를 할 필요가 없습니다. (임대계약 연장 등으로 변경되면 별도 신고를 해야 합니다.)

이렇게 현금영수증을 신청하면 연말정산 간소화 자료 현금영수증 항목의 '주택 임차료 거래'에 반영되는데, 이때 현금영수증은 세무서 담당자가 계약서 검토 후 발급하기 때문에 연말정산 전에 미리 신청하는 것이 좋습니다. 정리하면 월세 세액공제 대상자는 회사에 계약서 등 증빙서류 제출 없이 편리하게 세액공제 받을 수 있고, 공제 대상이 아닌 직장인은 일반 현금영수증에 포함해 신용카드 등 소득공제를 받을 수 있습니다.

02

복비도 연말정산
공제된다

• 부동산 중개비용도 연말정산 시 소득공제를 받을 수 있다.

☞ 이 문장은 O입니다. 대부분 사람은 중개비용을 지급할 때 현금이나 계좌이체를 이용합니다. 이때 현금영수증을 잘 챙겨놓으면 연말정산 때 30%의 소득공제를 받을 수 있습니다.

'신용카드 등 소득공제'는 직장인들이 가장 많이 활용하는 연말정산 공제항목입니다. 여기서 '등' 자에 주목합시다. 신용카드뿐 아니라 체크카드, 직불카드, 현금영수증, 스타벅스카드 충전액 같은 선불전자 지급수단이 모두 포함되기 때문입니다.

먼저 신용카드 소득공제는 내 총급여의 25%를 초과해 사용한 금액에 대해서만 이뤄집니다. 예를 들어 총급여가 5천만 원이면 카드로 1년간 1,250만 원 넘게 써야 카드 공제를 받기 위한 조건을 충족하는 겁니다. 만약 1,350만 원을 썼으면 100만 원만 공제대상입니다.

총급여액 7,000만 원 이하인 직장인은 300만 원을 한도로, 7,000만 원 초과자는 250만 원을 기본공제를 기준으로 삼고 있습니다.

결제수단 중에서는 신용카드(15%)보다는 체크카드(직불·선불카드)·현금영수증의 공제율(30%)이 높습니다. 소비할 때 현금영수증·체크카드 사용 비중을 높이면 소득공제 금액이 증가합니다.

기본공제를 초과해 지출할 경우 추가공제를 받을 수 있습니다. 신용카드를 도서·공연·영화비(30%), 전통시장·대중교통(40%) 등에 사용할 경우 이를 '추가공제'로 분류합니다.

총급여가 7,000만 원 이하이면 추가공제 한도 300만 원이 적용돼 총 600만 원의 혜택을 볼 수 있습니다. 총급여가 7,000만 원을 초과하는 경우 기본공제 한도 250만 원에 추가 한도 200만 원이 더해져 총 450만 원의 소득공제를 받을 수 있습니다. 다음 표를 참고합시다.

신용카드 등 사용금액 소득공제 한도

공제 한도		총급여 7천만 원 이하	총급여 7천만 원 초과
기본공제 한도		300만 원	250만 원
추가공제 한도	전통시장	300만 원	200만 원
	대중교통		
	도서·공연 등		-

A 각종 포인트·캐시백·할인 등 일상 카드 혜택은 신용카드가 현금 영수증과 체크카드보다 큽니다. 총급여액 7,000만 원 이하 직장인은 25%를 초과한 금액부터만 소득공제를 받을 수 있는 만큼, 총급여의 25%에 해당하는 금액은 신용카드로 쓰고, 나머지는 체크카드나 현금을 쓰는 겁니다. 그럼 공제율도 높이고 신용카드의 할인 혜택도 누릴 수 있습니다. 지난해 총급여를 기준으로 신용카드를 얼마나 쓰는 게 좋을지 어림짐작해볼 수 있습니다.

가령 지난해 총급여가 4천만 원이었다면, 1천만 원(4천만 원 × 25%)만 신용카드로 쓰면 되겠죠. 그럼 매달 약 83만 원은 신용카드로 쓰고, 그 이후엔 체크카드를 쓰면 됩니다.

또 신용카드로는 출·퇴근 교통비나 시장에서 장 보는 비용, 도서·구매 등 문화생활 비용을 쓰는 게 유리합니다. 그럼 신용카드 공제율 15% 대신 사용처 공제율인 30~40%가 적용되기 때문입니다. 단, 휴가 때 해외여행 가서 쓴 돈은 소득공제가 되지 않으니 주의해야 합니다.

최근 선물이나 기프티콘 할인을 노리며 기프티콘과 선불카드를 이용하는 소비자가 늘고 있습니다. 플랫폼을 통해 다른 소비자가 올려둔 기프티콘을 싸게 구매하거나, 선불카드에 충전해 일정 횟수를 채워 무료 커피를 한 잔을 받는 식입니다. 이렇게 절약을 위해 사용한 기프티콘과 선불카드로 신용카드 구매보다 두 배 높은 소득공제 혜택까지 노릴 수 있습니다. 연말정산 시 현금영수증 사용액에 대해선 30%, 신용카드는 15%를 공제해주기 때문입니다. 다시 말해 신용카드로 커피를 구매하면 15%의 소득공제를 받지만, 선불카드 충전해 구매하거나 기프티콘을 이용하면 30%를 공제받을 수 있습니다. 다만, 공제되는 항목은 국세청에서 누가 사용했는지를 확인할 수 있어야 하므로, '기명식 선불카드'만 가능합니다.

부동산값 폭등으로 인해 집을 매매하거나 임대차하려는 주택시장 소비자들은 중개수수료에도 적잖은 부담을 겪어야 합니다. 그나마 다행스러운 사실은 중개수수료도 연말정산 시 소득공제를 받을 수 있다는 점입니다. 대부분 사람은 중개비용을 지급할 때 현금이나 계좌이체를 이용합니다. 이때 현금영수증을 잘 챙겨놓으면 연말정산 때 30%의 소득공제를 받을 수 있습니다. 집을 매매할 때도 이 영수증이 있으면 중개보수금액이 반영돼 양도소득세를 줄일 수 있는 것은 덤입니다.

부동산중개업은 현금영수증 의무발행 업종입니다. 수수료가 10만 원 이상이면 현금영수증을 반드시 발급해야 합니다. 만약 거래 시점에 현금영수증을 발급받지 않았다면 중개사를 찾아 현금영수증 발급을 요청해야 합니다.

만약 중개업소가 현금영수증 발급을 거부할 경우 신고도 가능합니다. 신고하는 사람은 현금 결제 증빙자료를 준비해 국세청 홈택스에 현금영수증 미발급 신고를 하면 됩니다. 위반 사실이 확인되면 미발급 금액의 20% (한 건당 최대 50만 원)가 포상금으로 지급됩니다. 당국의 증빙자료·세무조사 확인을 거쳐 현금영수증 발행이 이뤄지며, 위반 부동산 중개업소에는 미발급한 금액의 20%의 가산세가 부과될 수 있습니다.

03
청약저축으로
세금까지 줄여 보자

• 주택마련저축 소득공제는 최대 연 300만 원까지 공제된다. 주택마련저축을 올해 중 중도 해지해도 공제받을 수 있다.

☞ 이 문장은 X입니다. 주택마련저축을 중도해지하면 해지하기 전까지 납입한 금액은 전액 소득공제를 받을 수 없습니다. 참고로 소득공제를 받으면 계좌를 5년간 유지해야 합니다. 5년 이내에 계좌를 해약하면 소득공제를 받은 금액에 6%를 곱한 금액을 추징당합니다.

우리나라는 특히 주택에 민감해서 주거 문제 해결을 위해 지출하는 비용이 있다면, 그 지출을 통해 세금을 줄일 수 있도록 해주고 있습니다. 사업자든 근로자든 주택 문제는 다 중요하지만, 주택 관련 지출은 직장인에게만 세금 혜택을 부여하고 있습니다.

연말정산에는 부동산 관련 항목이 특히 많습니다. 부동산 관련 연말정산 항목은 크게 4가지 정도를 꼽을 수 있습니다. 주택마련저축 소득공제, 주택임차차입금 원리금 상환액 소득공제, 주택저당차입금 이자 상환액 소득공제, 월세 세액공제가 있습니다.

앞장에서 살펴본 월세 세액공제를 제외한 다른 3가지 항목은 모두 소득공제입니다. 고소득자도 아니고 아이도 없는 사회 초년생 1인 가구를 위한 팁도 있습니다. 청년이면 대부분 가입해 있을 주택청약통장 납입액도 공제대상입니다. 주택청약종합저축에 가입한 총급여액 7,000만 원 이하인 직장인 무주택 세대주라면 올해 불입액 중 최대 300만 원(종전 240만 원) 한도의 40%인 120만 원까지 소득공제가 가능합니다. 가령 한 달에 10만 원씩 1년 동안 120만 원을 납부했다면, 다음과 같이 소득금액에서 48만 원을 공제하는 식입니다.

• 청약저축 공제 (300만 원 한도): 저축액 × 40% = 120만 원 × 40% = 48만 원

해당 연도 내내 무주택인 세대의 세대주이고 해당 연도의 총급여액이 7천만 원 이하인 직장인이 주택을 구입하기 위한 자금을 마련하기 위해 본인 명의로 저축에 가입하는 경우에는 그 저축에 납입한 금액을 소득공제 대상으로 인정합니다. 세대주 여부는 그해의 12월

31일 현재 상황에 따라 판단합니다.

또 올해 한 해 동안 한 번도 주택을 보유한 적이 없어야만 혜택을 받을 수 있습니다. 이 기간 세대원 전원이 무주택이어야만 공제 가능합니다.

Q 그런데 가입할 때는 총급여액이 높지 않았는데, 그 후 연봉이 올라 총급여액이 7천만 원을 넘어가면요?

A 2017년 납입분까지는 이럴 때도 소득공제를 적용했지만, 2018년부터는 총급여액이 7천만 원을 넘으면 그해에는 공제를 받을 수 없게 됐습니다.

Q 해당 저축에 납입하다가 연도 중에 중도해지를 하면요?

A 중도해지를 하게 되면 해지하기 전까지 납입한 금액은 전액 소득공제를 받을 수 없습니다. 참고로 청약통장으로 소득공제를 받은 후 중도 해지할 경우 가산세가 부과된다는 점은 주의해야 합니다. 소득공제를 받으면 계좌를 5년간 유지해야 합니다. 5년 이내에 계좌를 해약하면 소득공제를 받은 금액에 6%를 곱한 금액을 추징당합니다.

다만, 분양하는 주택에 당첨되어 어쩔 수 없이 해지하는 경우에는 해지 전까지 납입한 금액에 대해 공제가 인정됩니다.

참고로 주택청약종합저축에 가입한 무주택자가 주택마련저축에 대한 소득공제를 적용받기 위해서는 연말정산 간소화 서비스를 통해 주택마련저축 납입 증명서를 회사에 제출해야 합니다. 만약 연말정산 간소화 서비스에서 확인이 되지 않는다면 저축에 가입한 금융기관을 통해 무주택 세대주라는 것을 확인하는 무주택확인서를 발급받아야 합니다. 2024년 급여액에 대한 연말정산 시 소득공제를 적용받으려면 2025년 2월 말까지 무주택확인서를 발급받으면 됩니다.

04

전세대출도
소득공제가 가능하다

- 주택 전세대출 소득공제는 이자 납부액뿐만 아니라 원금상환액으
로 지출된 금액까지 한도 없이 소득공제가 된다.

☞ 이 문장은 X입니다. 주택임차차입금 소득공제는 이자 납부액
뿐만 아니라 원금상환액으로 지출된 금액도 소득공제가 됩니다.
다만, 여기에도 공제 한도가 있는데, 연간 소득공제액이 400만 원
을 초과하면 400만 원까지만 소득공제가 가능합니다.

국민 절반은 주택을 소유하고 있지만, 나머지 절반은 남의 집에 세
들어 살고 있습니다. 그래서 정부에서는 내 집 마련과 주거비 절감을

위한 세제 혜택을 제공합니다. 직장인은 소득세를 낼 때 주거비의 일정액을 소득공제 또는 세액공제 하는 혜택을 받습니다.

Q 주택가격이 많이 오르면서 전세금도 함께 올라 부담이 큽니다. 결국, 대출을 받아서 전세를 구하려고 합니다. 전세대출도 소득공제를 받을 수 있나요?

A 전세를 구하기 위해 대출을 받는 경우, 그 대출금에 대해 이자와 원금상환액은 소득공제가 가능합니다.

Q 그럼 보증금과 월세가 함께 있는 반전세인 경우는 공제가 안 되나요?

A 전세든 반전세든 임차보증금을 마련하기 위해서 대출받는 때에는 소득공제를 받을 수 있습니다. 전세금을 빌리고, 그 차입금의 원리금을 상환할 때, 다음과 같이 연간 상환금액의 40%를 소득공제 합니다.

- 주택임차차입금 원리금 상환 공제: 원리금 상환액 × 40% (400만 원 한도)

원리금 상환액이기 때문에 이자 납부액뿐만 아니라 원금상환액으로 지출된 금액도 소득공제가 됩니다. 다만, 여기에도 공제 한도가 있는데, 연간 소득공제액이 400만 원을 초과하면 400만 원까지만 소득공제가 가능합니다.

전세자금대출 원리금 상환액 소득공제를 받기 위해서는 다음과 같은 서류를 제출해야 합니다.

1. 주택자금상환 등 증명서
2. 주민등록표등본
3. 거주자로부터 차입한 경우 임대차계약증서 사본, 금전소비대차계약서 사본, 계좌이체 영수증 및 무통장 입금내역 등 차입금에 대한 원리금 상환 내역을 확인할 수 있는 서류

원칙적으로 무주택 세대주인 직장인이 공제대상입니다. 따라서 세대주가 사업자라면 공제대상이 아닙니다. 또 세대주가 직장인이더라도 그 배우자 명의로 대출을 받았다면 세대주는 대출받은 당사자가 아니므로 공제를 받을 수 없습니다. 다만, 세대주가 소득공제를 받지 않았다면 세대원 중에 전세자금 대출을 받은 직장인이 공제를 받을 수 있습니다. 여기서 세대주 여부는 12월 31일 현재 상황에 따라 판단하고, 무주택 여부도 역시 12월 31일 현재 무주택 상태면 됩니다.

또 임차하려는 주택은 국민주택규모 이하 주택이어야 합니다. 그리고 주거용 오피스텔을 임차하면서 대출을 받은 때는 2013년 8월 13일 이후 최초로 원리금 상환액을 지급하는 분부터 소득공제를 받을 수 있습니다. 다음 표를 참고합시다.

전세자금대출 원리금 상환액 소득공제

주거 관련 공제제도	주택임차차입금 원리금 상환액 소득공제
공제대상자	12월 31일 기준 무주택 세대주로 근로소득이 있는 거주자가 국민주택규모 이하의 주택을 임차해야 함.
공제금액	원리금 상환액의 40%만큼 근로소득금액에서 공제
한도	400만 원

Q 대출은 꼭 은행에서 받아야 하나요?

A 전세보증금을 빌리기 위해 대출을 받을 때, 꼭 은행과 같은 금융 기관에서 받아야 하는 것은 아닙니다. 은행은 물론 주변 지인에게 전세자금을 빌려도 소득공제를 받을 수 있습니다. 다만, 주변 지인에게 빌릴 때 그 지인이 대부업을 하는 사람이면 안 됩니다. 그리고 2017년부터는 국가유공자를 지원하기 위한 국가보훈처로부터 전세자금 대출을 받는 경우도 소득공제 대상에 포함되었습니다.

금융기관 또는 개인에게 전세자금을 빌리는 두 경우의 소득공제 요건은 조금 다릅니다. 다음과 같습니다.

1. 대출(금융)기관으로부터 차입한 차입금의 경우
- 임대차계약증서의 입주일과 주민등록표 등본의 전입일 중 빠른 날부터 전후 3개월 이내에 차입한 자금일 것
- 차입금이 대출기관에서 임대인의 계좌로 직접 입금될 것

2. 대부업을 영위하지 않는 개인으로부터 차입한 차입금의 경우

- 해당 연도의 총급여액이 5천만 원 이하인 직장인
- 임대차계약증서의 입주일과 주민등록표 등본의 전입일 중 빠른 날부터 전후 1개월 이내에 차입한 자금일 것
- 연 2.1%(수시 변경)보다 낮은 이자율로 차입한 자금이 아닐 것

참고로 대출금은 대출기관에서 임대인인 집주인에게 직접 송금한 때에만 공제대상이 됩니다. 세입자인 직장인이 대출금을 받은 후 집주인에게 전달한 경우에는 공제를 받을 수 없으니 주의해야 합니다.

그리고 임대차계약을 연장하거나 갱신하면서 돈을 새로 빌리거나 추가로 빌리는 때는 임대차계약 연장일 또는 갱신일부터 전후 3개월 (개인에게 차입한 경우에는 1개월) 이내에 차입해야 합니다.

여기서 잠깐! 현재 전세자금대출을 이용하고 있으면서 청약저축에도 납입하고 있는 경우라면 소득공제 최대 금액은 연간 400만 원으로 제한되는 것을 주의해야 합니다. 가령 전세보증금 대출을 받고 원리금으로 연간 800만 원을 상환한 직장인이 청약저축에도 300만 원을 불입했다면, 합쳐서 1,100만 원의 40%인 440만 원을 공제받는 것이 아니라 한도인 400만 원만 공제를 받을 수 있다는 말입니다.

05

부모님 집에 공짜로 살아도
세금이 부과된다?

• 부모 명의 집에서 자식이 무상으로 거주해도 증여세가 발생할 수
  있다.

☞ 이 문장은 O입니다. 일반적으로 증여세는 재산을 직접 받았을 때만
부과되는 것으로 생각하기 쉽습니다. 그런데 우회적으로 재산을 받은 때
도 증여세가 부과될 수 있습니다. 부모 명의 집에 자식이 무상으로 거주
했을 때도, 부모에게 직접 금전을 받지는 않았지만, 세법에서는 임대인
인 부모님에게 임대료를 지급하지 않는 것은 사실상 임대료만큼 증여받
은 것과 같은 것으로 보고 있습니다.

Q 서울에 직장이 있어 집을 구해야 하는 상황이지만, 비싼 집값 탓에 현재 가진 자금으로는 턱도 없습니다. 결국, 부모님 소유 집에 무상으로 살면서 그동안 돈을 모아 내 집을 마련하겠단 계획을 세웠습니다. 그런데 주변에서 가족의 집에 무상으로 거주하면 세금이 나올 수도 있다고 하는데, 사실인가요?

A 결론부터 말하자면 부모 명의의 집에 자녀만 사는 경우, 증여세가 부과될 수 있으니 주의해야 합니다.

타인 명의 부동산을 임대료 등 비용을 지급하지 않고 사용하는 때엔 '부동산 무상사용에 따른 이익의 증여' 규정에 따라 증여세가 부과될 수 있습니다. 다만 모든 사례에 일괄 적용되는 기준은 아니므로 요건을 잘 따져야 합니다.

구체적으로 살펴보면 부동산 무상사용 시점부터 향후 5년간 그로 인한 이익 합계액이 1억 원 이상일 때만 증여세가 부과됩니다. 과세 대상이 되는 무상사용 이익 계산법은 다음과 같습니다.

· 무상사용 이익 = 해당 부동산 가액 × 2% × 3.7908

여기서 '2%'는 1년간의 부동산 사용료를 고려해 정부가 정하는 비율로, 세법에서 부동산 가액의 2%를 적정한 임대료 수준으로 본다고 이해할 수 있습니다. 또 '3.7908'은 부동산 사용 기간이 5년 지속할 것으로 가정해 이 기간 부동산 사용이익을 10% 이자율을 적용해 현재 가치로 환산한 수치입니다.

만약 부모님 소유주택이 13억 원이라면 무상사용이익은 9,856만 원(13억 원 × 2% × 3.7908)이 되는 셈입니다. 1억 원이 되지 않으므로 증여세는 부과되지 않습니다. 하지만 시가가 1억 원만 높아도 증여세 낼 준비를 해야 합니다. 14억 원이라면 무상사용이익이 1억 614만 원(14억 원 × 2% × 3.7908)이 돼 이를 증여재산으로 봐서입니다.

하지만 부동산 소유자인 부모님과 함께 거주한다면 증여세를 낼 필요는 없습니다. 고가의 부동산을 무상으로 임대하는 방법으로 재산을 이전하는 경우 과세하려는 목적이지, 함께 거주하는 가족에게까지 과세하려는 취지가 아니기 때문입니다.

정리하면 자녀가 부모 명의 집에 혼자 무상으로 거주해도 증여세를 전혀 부담하지 않으려면 부동산 시가가 약 13억 원 이상이 아닌지 살펴볼 필요가 있습니다.

이때 시가는 '매매가액 → 감정가액 → 유사매매사례가액 → 기준시가' 순으로 적용됩니다. 다시 말해 매매가액이 없다면 감정가액으로, 감정가액이 없다면 유사매매사례가액으로 평가한다는 뜻입니다. 기간은 무상사용을 시작한 날을 기준으로 앞선 6개월, 이후 3개월 사이로 삼습니다.

Q 그럼 부모님 소유주택 시가가 14억 원이면, 증여세는 얼마나 내야 하나요?

A 증여세 과세가액은 다음과 같이 무상사용이익인 1억 614만 원이 됩니다.

- 증여세 과세가액 = 14억 원 × 2% × 3.7908 = 1억 614만 원

증여자가 직계존속이므로 증여공제액 5,000만 원을 적용하면 증여세 과세표준은 다음과 같이 5,614만 원입니다.

- 증여세 과세표준 = 증여세 과세가액 - 증여공제 (성인 자녀) = 1억 614만 원 - 5,000만 원 = 5,614만 원

여기에 10% 세율을 적용하면 증여세 산출세액은 다음과 같습니다.

- 증여세 산출세액 = 과세표준 × 세율 = 5,614만 원 × 10% = 561만 4,000원

여기에 신고세액공제 3% (약 16만 원)을 제하면 내야 할 최종 증여세는 약 545만 원입니다. (다만 10년 내 사전증여재산이 있는 경우에는 증여세 계산이 달라집니다.)

참고로 무상사용 기간도 잘 고려해야 합니다. 5년마다 부동산 무상사용이익을 계산하기 때문에 무상사용 기간이 5년을 초과했다면 새롭게 무상사용을 개시한 것으로 보고 다시 증여세를 따지기 때문에 이를 주의해야 합니다.

권말
부록

알면 알수록
돈이 되는

부동산 상식

01

임대차 중개수수료 어떻게 계산하나?

부동산 중개사는 부동산에 대한 정보를 제공하고 거래하는 당사자 간 매매, 교환, 임대차 등에 관한 행위를 알선하고 중개하는 일을 합니다.

구체적으로 주택 매매의 경우 등기부 등본 등 중개대상물에 대한 정보를 취득하고 분석해 매수자에게 설명합니다. 또 매도자와 매수자 사이에서 가격이나 계약과 관련한 여러 일정을 조정해줍니다. 매도인과 매수인이 중개사의 서비스를 받고 부동산을 계약하게 되면 그 대가로 제공하는 비용이 중개수수료입니다.

현행 중개수수료는 크게 주택, 오피스텔, 비주택(토지·상가 등)으로 나뉘어 상한요율이 정해져 있습니다. 세부적으로는 매매와 임대차, 거래금액에 따라 상한요율이 정해집니다.

주택매매의 경우 5,000만 원 이하는 상한요율 0.6%(한도 25만 원), 5,000만~2억 원 미만은 0.5%(한도 80만 원), 2억 원~9억 원 미만은 0.4%, 9억 원~12억 원 미만은 0.5%, 12억 원 ~ 15억 원 미만 0.6%가 상한요율입니다. 15억 원 이상은 0.7% 내에서 협의해 결정하도록 하고 있습니다. 다음 표를 참고합시다.

거래금액	상한요율
5,000만 원 미만	0.6% (한도 25만 원)
5,000만 원 ~ 2억 원 미만	0.5% (한도 80만 원)
2억 원 ~ 9억 원 미만	0.4%
9억 원 ~ 12억 원 미만	0.5%
12억 원 ~ 15억 원 미만	0.6%
15억 원 이상	0.7%

Q 부동산 중개수수료도 협의하면 줄일 수 있나요?

A 현행 부동산 중개수수료는 법적 상한요율 이내에서 협의해 책정할 수 있어 값을 깎는 행위가 가능하므로 부동산 계약 전 반드시 확인해야 할 항목 중 하나입니다.

상한요율 내에서 협의만 잘하면 매도자나 매수자가 중개수수료를 할인받을 수 있다는 말입니다. 같은 아파트를 같은 금액에 사도 중개수수료를 다르게 내는 이유입니다. 가령 10억 원짜리 아파트에 법적 상한인 0.5% 요율을 적용하면 500만 원을 중개수수료로 내야 하는데, 중개사와 협의해 0.4%만 적용하기로 하면 수수료를 400만 원만 내면 됩니다.

월세 중개수수료란 임대차계약을 중개하는 부동산 중개업체에 지급하는 수수료입니다. 이 수수료는 집주인과 세입자 모두에게 부과됩니다. 임대차의 경우 5,000만 원 이하는 상한요율 0.5%(한도 20만 원), 5000만~1억 원 미만은 0.4%(한도 30만 원), 1억 원~6억 원 미만은 0.3%, 6억 원~12억 원 미만은 0.4%입니다. 12억 원~15억 원 미만은 0.5%, 15억 원 이상은 0.6% 이내에서 협의해 결정합니다. 전세는 전세보증금에 상한요율을 곱해 중개수수료를 계산합니다. 월세는 보증금에다 월세의 70~100%를 더한 '거래가액'에다 상한요율을 곱해주면 됩니다. 중개수수료는 중개인이 제공하는 서비스에 대한 대가로, 계약체결, 물건 안내, 서류작성 등의 과정을 포함합니다. 다음 표를 참고합시다.

거래금액	상한요율
5천만 원 미만	0.5% (한도 20만 원)
5천만 원 ~ 1억 원 미만	0.4% (한도 30만 원)
1억 원 ~ 6억 원 미만	0.3%
6억 원 ~ 12억 원 미만	0.4%
12억 원 ~ 15억 원 미만	0.5%
15억 원 이상	0.6%

참고로 오피스텔은 전용면적 85㎡ 이하(주거용)일 경우 매매는 상한요율이 0.5%, 임대차는 0.4%입니다. 전용 85㎡를 초과하는 비주거용은 0.9% 이내에서 협의해 결정합니다. 주택 이외 토지·상가 등

도 상한요율 0.9% 이내에서 협의하면 됩니다.

비교적 높은 수수료가 적용되는 구간의 거래를 하는 경우에는 수수료를 조절해달라고 요구할 수 있지만, 낮은 수수료(한도에 걸리는 구간 등)가 적용되는 구간의 거래 수수료를 무작정 깎아 달라고 요구하는 것은 오히려 계약에 악영향을 미칠 수 있습니다. 예를 들어 보증금100만 원 - 월세 40만 원, 보증금 500만원 - 월세 50만 원 등의 계약을 하면서 수수료를 깎는 것은 공인중개사 입장에서는 기분이 썩 좋지는 않습니다. 20~30만 원 남짓한 수수료까지 깎아 가며 계약하게 되면 광고비, 유류비, 식대, 사무실 수수료까지 다 떼고 나면 그렇게 많이 남는 것도 아닐뿐더러 오히려 계약 시에 세입자에게 도움될 수 있는 조언 등도 하지 않을 수도 있습니다. 수수료율 구간이 낮은 계약은 수수료를 깎기 보다는 그대로 지급하고 그만큼의 서비스를 받는 것이 더 좋습니다.

Q 법정 중개수수료보다 수수료를 더 달라고 하면 어떻게 하나요?

A 공인중개사법에서 정해진 법정 수수료를 초과해서 받는 경우에는 해당 공인중개사 사무실에 업무 정지 처분과 과태료 처분이 내려지게 됩니다. 또한, 공인중개사는 자격정지 사유에 해당합니다. 법정 중개수수료보다 더 많은 금액을 지급한 경우 구청 민원을 통해 접수하면 공인중개사와 사무실에는 그에 따르는 행정처분이 내려지게 되며 초과 지급한 보수는 돌려받을 수도 있습니다. 간혹 법정수수료보다 더 높은 수수료를 입금 요구하는 부동산 사무실이 있는데 모르고 이체했다면 돌려받고 이체하기 전이

라면 확인설명서 맨 뒷장 4쪽에 있는 중개보수를 보고 해당 금액만 입금하면 됩니다. 그리고 부가가치세를 포함하여 입금했다면 꼭 현금영수증 또는 세금계산서 등을 문자로 받아 제대로 발급했는지도 확인해보는 것이 좋습니다.

💬 **Q** **중개수수료는 언제 지급해야 하나요?**

🅰 중개수수료는 일반적으로 계약을 체결할 때 지급합니다. 집주인과 세입자가 임대차계약을 체결한 후, 중개업체에 해당 수수료를 지불해야 합니다.

2024년 7월 10일부터 공인중개사는 임차인에게 임대인의 체납 세금과 선순위 세입자 보증금 현황을 자세히 설명해야 합니다. 현장을 안내하는 이가 중개사인지 중개보조원인지도 명시적으로 알려야 합니다. 전세 사기 사태로 공인중개사의 책임론이 대두되면서 마련된 조치입니다. 이번 개정을 통해 임차인은 임대차계약 만료 시 임대차 보증금을 돌려받기 어려운 주택을 미리 파악할 수 있습니다.

먼저 공인중개사는 임차인에게 임대인의 체납 세금, 선순위 세입자 보증금 등 중개대상물의 '선순위 권리 관계'를 자세히 설명해야 합니다. 외부에 공개된 등기사항 증명서, 토지대장, 건축물대장 외에 임대인이 제출하거나 열람 동의한 확정일자 부여 현황 정보, 국세·지방세 체납 정보, 전입세대 확인서도 확인해야 합니다.

또 공인중개사는 임차인을 보호하기 위한 각종 제도에 관해서도 설명해야 합니다. 대표적인 내용이 주택 임대차보호법에 따라 담보 설정 순위에 상관없이 보호받을 수 있는 소액 임차인의 범위와 최우선변제금 수준에 관한 것입니다. 계약 대상 주택이 민간임대주택일 경우 임대인의 임대보증 가입이 의무라는 점도 알려줘야 합니다.

만약 중개보조원이 임차인에게 현장을 안내하는 경우라면 임차인에게 자신이 중개보조원이라는 사실도 알려야 합니다. 공인중개사는 중개대상물 확인·설명서에 중개보조원의 신분 고지 여부를 표기해야 합니다. 중개보조원의 업무 범위에서 벗어난 불법 중개행위를 방지하기 위해서입니다.

아울러 공인중개사는 주택의 관리비 금액과 비목, 부과방식도 명확히 설명해야 합니다. 개정안의 실효성을 높이기 위해 공인중개사가 확인·설명한 내용은 '중개대상물 확인·설명서'에 명기하고, 공인중개사·임대인·임차인이 같이 확인·서명토록 했습니다.

02

적정 월세는
얼마일까?

Q 관심 있는 지역의 주택 전셋값이 적절한 건지, 알아보는 방법은 없나요?

A 부동산에 다닥다닥 붙어 있는 가격을 보면 대략 비슷한 수준이라 금방 시세가 눈에 들어옵니다. 가령 전세로 나온 전용면적 59㎡ 아파트 매물이 보증금 2억 6,000만~2억 9,000만 원에 나와 있다면 '전세 시세가 2억 원 후반대구나' 정도로 보는 것입니다. 하지만 이건 '호가' 시세입니다. 즉 임대인이 부르는 가격으로 아직 체결되기 전의 가격입니다.

이 가격이 적정한지 판단하려면 최근 실제 체결된 '실거래가'를 알아야 합니다. 만약 같은 평형 아파트의 실제 체결된 전셋값이 2억 초반대라면 지금 형성된 호가가 높다는 걸 알 수 있습니다. 이걸

근거로 임차인은 전셋값 협상을 해볼 수도 있습니다. 그 사이 일대 집값 상승 등 특정 이유가 있어서 호가가 올랐다면 곧 시세가 뛸 예정이기 때문에 급전세를 잡거나 다른 주택을 알아볼 수도 있습니다.

국토교통부가 운영하는 '실거래가 공개시스템'을 통해 실거래가를 확인할 수 있습니다. 아파트뿐만 아니라 연립·다세대, 단독·다가구, 오피스텔, 분양·입주권 등의 실거래가를 제공합니다. 특정 기간과 주택을 설정하면 해당 주택의 전용면적, 계약일, 거래금액, 층, 건축연도, 도로조건 등을 확인할 수 있습니다.

그리고 정부 기관은 아니지만 'KB부동산'의 통계도 많이 활용합니다. 특히 대출받을 때 기준가격으로 쓰이곤 합니다. KB부동산에선 특정 단지를 선택하면 과거부터 지금까지의 시세 및 실거래가 추이를 그래프로 보여줘 한눈에 시세 파악이 가능합니다. 앱에서는 예측 시세도 확인할 수 있습니다.

또 2023년 2월 출시한 HUG의 '안심전세앱'에서는 그동안 확인이 어려웠던 서울·수도권 내 다세대·연립주택, 50가구 미만 나홀로 아파트, 신축주택(준공 1개월 후 시세) 등의 시세도 볼 수 있습니다.

민간 업체에서도 시세를 제공하는 플랫폼을 많이 내놨습니다. 네이버 부동산은 가장 많은 중개소가 활용하는 사이트이자 매물이 가장 많은 곳입니다.

점점 전세에서 월세로 전환하는 수요가 높아지는 추세입니다. 전세보증금 일부를 월세로 전환하는 거라 비슷한 실거래가를 찾기 어려울 수 있습니다. 이럴 땐 '전월세 전환율'에 따라 적정한 가격을 계산해봐야 합니다.

전월세 전환율이란 말 그대로 전세에서 월세로 전환할 때 적용하는 비율입니다. 주택 임대차보호법에 따라 '한국은행 기준금리(2024년 11월 현재 3.0%) + 대통령령으로 정하는 이율(현행 2.0%)'이 상한입니다. 따라서 2024년 11월 현재는 5.0%입니다.

다음처럼 전세에서 월세로 전환할 때 월세로 전환할 보증금에 전월세 전환율을 곱한 뒤 12개월로 나누면 월세액이 계산됩니다.

• 월세 = 월세로 전환할 보증금 × 전월세 전환율 5% ÷ 12개월

Q 그럼 전세보증금 3억 원짜리 전셋집을 보증금 2억 원으로 낮추고 나머지 1억 원에 대해선 월세로 전환한다면 어떻게 계산되나요?

A 다음처럼 416,666원이 월세가 됩니다.

• 월세 = 월세로 전환할 보증금 × 전월세 전환율 5% ÷ 12개월
= 1억 원 × 5% ÷ 12개월 =

만약 전월세 전환 계산이 어렵다면, 인터넷 검색포털에서 '전월세 전환율 계산기'를 활용하면 자동으로 값을 구할 수 있습니다. 다만 기준금리나 대통령령 이율이 수시로 바뀌기 때문에 전월세 전환율은 자주 확인해야 합니다.

하지만 실무에서는 보통 보증금 1천만 원당 월세 5만 원으로 계산

합니다. 간혹 1천만 원당 월세 7만 원, 8만 원으로 환산할 때도 있는데 너무 과도하다고 생각되면 다른 매물을 찾는 편이 좋습니다.

참고로 꼼수 관리비도 주의해야 합니다. 임대인이 전월세상한제나 전월세신고제를 피하려고 월세는 내리고 관리비를 올리는 편법을 쓰기도 합니다.

50가구 이상의 아파트의 경우 k-apt(공동주택관리정보시스템)에서 관리비를 볼 수 있습니다. 하지만 여전히 빌라 등은 관리비가 '깜깜이'로 운영되기 때문에 계약 전에 관리비 포함 항목 등을 꼼꼼히 살펴볼 필요가 있습니다.

03

전세대출,
이것 주의하자

전세대출을 잘 받으려면 금리가 낮은 정부 재원의 정책금융상품을 받을 수 있는지부터 확인해야 합니다. 이런 정책금융상품을 이용할 수 없다면 시중은행 상품을 고려해야 합니다. 기본적으로 모든 전세대출은 '보증부 담보대출'이라 각각 보증기관 조건에 맞춰 금리와 한도 등에서 가장 유리한 곳을 찾아야 합니다. 전세자금 대출은 크게 정부 재원과 은행 재원 대출로 나눌 수 있습니다.

주택도시기금의 '버팀목 대출'이 정부 기금 재원 상품입니다. 이는 대상에 따라 크게 일반·청년·신혼가구·중소기업취업청년 등 4가지로 구분됩니다. 종류에 따라 다르지만, 버팀목 대출금리는 연 2%대 초반 수준이라 시중은행 3~5%대 전세대출 금리보다 낮습니다.

버팀목 대출은 금리가 낮은 만큼 대상과 소득 및 자산 요건 등은 까다로운 편입니다. 가장 일반적인 버팀목 전세자금은 부부 합산 연 소득 5,000만 원(신혼부부 7,000만 원) 이하이면서 자산 역시 3억 4,500만 원 이하의 무주택 세대주가 받을 수 있습니다. 대출 한도는 전세금의 80% 한도 내에서 최대 2억 원까지 받을 수 있습니다.

버팀목 대출을 이용할 수 없다면 일반적인 혜택을 부여하는 시중 은행 전세대출을 이용해야 합니다. 전세대출은 보증부 대출이라 보증기관에 따라 보증금 한도와 대출 한도 등이 다릅니다. 주택금융공사와 주택도시보증공사(HUG)에서 보증서를 받는 경우 보증금 한도가 수도권 7억 원, 그 외 5억 원인 반면 서울보증보험(SGI)은 보증금 한도 제한이 없습니다. 대출 한도는 모두 보증금의 80% 이내로 최대 주택금융공사 상품의 경우 4억 4,400만 원, SGI는 5억 원, HUG는 4억 원입니다.

이를 고려하면 통상 전세대출이 많이 필요한 경우 SGI나 HUG 보증서를, 전셋값이 높은 경우 보증 한도가 없는 SGI 보증서를 이용하는 게 유리합니다. 가령 전셋값이 7억 원을 넘어가면 무조건 SGI를 고려해야 합니다. 반면 SGI 상품은 상대적으로 금리가 높은 편이며 주택금융공사 상품은 대출 한도는 작지만, 금리가 HUG와 함께 낮은 편입니다. 본인 상황에 맞게 보증기관을 잘 살펴야 하는 이유입니다.

은행 재원 전세대출은 통상 만기가 2년이며 6개월 혹은 12개월 변동금리가 주를 이룹니다. 코픽스 연동 상품이 많아 한 달에 한 번 정도 금리가 바뀐다고 봐야 하고, 금리상승 위험을 딱히 회피할 만한 수단이 마땅치 않습니다.

　일부 은행에서는 고정금리 전세대출을 취급합니다. 최근 같은 금리 상승기 때 이자 상환 부담 증가를 회피하고 싶으면 고정금리 상품도 고려해볼 만합니다. 다만 고정금리는 변동금리보다 금리 리스크를 은행이 짊어지게 돼 가산금리가 높습니다. 이로 인해 전체 금리가 높아집니다.

　금리를 조금이라도 낮추고 싶다면 우대금리도 잘 챙겨야 합니다. 급여 이체, 공과금 자동이체, 신용카드 사용, 국토부 부동산 거래 전자계약시스템 이용 등을 만족하면 많게는 0.4%포인트도 낮출 수 있습니다.

Q **소득이 없는 사람은 전세대출이 안 되나요?**

A 은행에서는 대부분 소득을 중시하는 전세대출 상품을 주로 취급합니다. 지점마다 다르지만 어떤 경우는 부실 관리 차원에서 무소득자를 받지 못하는 상황이라고 말할 수도 있습니다. 그러나 상품의 종류가 좀 달라질 뿐 소득이 없어도 전세대출은 가능합니다. 서민들을 위한 대출이 전세대출이기 때문입니다. 보통은 무주택자와 1주택자에 한해서 보증금의 80%까지 대출을 해주는 상품들이 존재합니다.

Q **은행은 언제 방문해보는 것이 좋나요?**

A 우선 부동산에 방문하기 전에 은행에 먼저 방문해보는 것이 좋습

니다. 다음 표의 서류를 참고해서 준비한 후 은행 방문하면 더 자세한 상담을 받을 수 있습니다. 다만 은행마다 요구 서류가 다를 수 있으니 미리 방문할 은행에 전화해보고 서류를 챙겨 방문하는 것을 추천합니다.

필요서류	참고사항	발행처
주민등록 등본	상세 내역 조회	주민센터
주민등록 초본	과거 주소변동 내역 포함	주민센터
가족관계증명서		
혼인관계증명서	신혼부부 (혼인신고 7년 이내) 해당	주민센터
건강보험 자격득실 확인서	최초~최근까지	건강보험공단
건강보험 납부내역 확인서	최근 1년치	건강보험공단
근로소득자 필요서류		
재직증명서	회사 명판, 직인 필수	재직 회사
원천징수영수증	회사 명판, 직인 필수 / 재직 1년 이상	재직 회사
갑종근로소득원천징수영수증	외사 명판, 직인 필시 / 입사최초 ~ 최근까지	재직 회사
급여통장사본 및 급여내역서	재직기간 1년 이내인 경우 필수	재직 회사
4대보험가입내역증명서	입사 1년이내인 경우	4대보험 연계센터
중소기업취업청년 추가 필요서류		
주업종코드확인서		재직회사 or 홈택스
고용보험자격이력내역서 (근로자용)		고용보험 홈페이지
사업자등록증 사본		재직회사
개입사업자 필요서류		
사업자등록증 사본		세무서
소득금액증명원		세무서 or 홈택스

위 표에 해당하는 서류를 챙겨 은행을 방문하여 먼저 본인에게 맞는 전세자금대출 상품이 어떤 것이 있고, 금리는 몇 %인지, 대출은 얼마까지 나오는지 물어보는 것이 중요합니다. 그리고 난 뒤 부동산을 방문하여 이사할 집을 찾는 것이 올바른 순서입니다. 다만, 은행에서 계약서를 들고와야 심사를 봐줄수 있다고 하는 은행 지점도 있습니다. 그런경우 다른 은행 지점을 찾아 계약서 없이 가심사를 진행해주는 은행을 찾아보는 것이 좋습니다.

Q **반드시 전입신고를 해야 하나요?**

A 전세대출은 아무래도 무주택자들이 받다 보니까 제일 문제가 되는 것은 전입이 중요한 걸 모른다는 겁니다. 우리가 보증금을 지키는 유일한 수단은 전입입니다.

임대인들이 간혹 비과세를 노리고 실거주자 요건을 채우기 위해서 세입자에게 전입을 빼달라고 요구하는 상황이 있습니다. 절대로 빼면 안 됩니다. 전입을 빼는 순간 보증금에 대한 우선권이 상실될 수 있습니다. 전입을 빼버리면 생길 수 있는 또 다른 문제는 그 사람은 앞으로 영원히 전세대출을 받을 수 없다는 겁니다.

담보대출 같은 경우는 근저당 설정하고 대출해 줍니다. 그런데 전세대출은 설정이라는 게 없습니다. 보증이 곧 담보인 겁니다. 그래서 보증기관의 역할이 중요한데 그 보증기관에서 이 사람이 전입을 뺐다는 사실을 알게 되면 그 사람을 블랙리스트에 올려버립니다. 그러면 영원히 전세대출이 안 된다는 사실을 주의합시다.

04

LH 청년 전세자금 대출 신청절차는?

청년들의 주거 안정을 도모할 수 있도록 지원하는 제도인 LH 청년 전세자금 대출은 주택 임대차계약을 체결하고자 하는 청년들에게 필요한 자금을 대출해 주는 것으로, 주거비 부담을 덜어주는 중요한 역할을 합니다. 특히, 최근 주택시장의 불안정성과 높은 전세가격으로 인해 많은 청년이 주거 문제로 어려움을 겪고 있는 상황에서, 이런 대출 제도는 큰 도움이 될 수 있습니다.

LH 청년 전세자금 대출은 주택도시 보증 공사와 협력해 운영되고, 대출금리는 상대적으로 낮으며, 대출 한도도 넉넉하게 설정되어 있습니다. 이로 인해 쉽게 전세 계약을 체결할 수 있으며, 안정적인 주거 환경을 마련할 수 있습니다. 대출을 통해 마련한 자금은 전세보증금으로 사용되며, 청년들이 원하는 지역에서 거주할 수 있는 기회를 제공합니다.

이 대출의 가장 큰 장점은 청년들이 경제적 부담을 덜고, 안정적인 주거 환경을 조성할 수 있도록 돕는 것입니다. 특히, 대출 상환 기간이 길고, 상환방식이 유연하여 청년들이 부담 없이 대출을 이용할 수 있도록 설계되어 있습니다. 이러한 점에서 LH 청년 전세자금 대출은 청년들에게 매우 유용한 제도라고 할 수 있습니다.

Q 청년이라면 누구나 가능한가요?

A 이 제도는 청년들이 전세로 거주할 수 있는 임대주택을 제공하며, 저렴한 임대료로 안정적인 거주 환경을 보장합니다. 이 제도를 이용하기 위해서는 다음 조건을 충족해야 합니다.

1. 만 19세 이상 39세 이하의 청년이어야 하며, 소득 기준도 충족(지역에 따라 다르지만, 일반적으로 중위소득의 70% 이하)해야 합니다.
2. 신청자는 해당 주택에 거주할 의사가 있어야 하며, 주택의 임대 조건을 준수해야 합니다. 임대 기간 내 주택을 무단으로 전대하거나, 임대료를 체납하는 등의 행위는 금지됩니다.
3. 해당 지역 내에서 거주할 수 있는 청년만 신청할 수 있습니다.

Q 신청절차는 어떻게 되나요?

A LH 청년 전세임대주택에 신청하기 위해서는 다음 절차를 따라야 합니다.

1. LH 홈페이지나 해당 지역의 공공기관을 통해 공고문을 확인해야 합니다. 공고문에는 신청자격, 신청 방법, 임대조건 등이 상세히 기재되어 있습니다.

2. 신청자는 필요한 서류를 준비해야 합니다. 일반적으로 필요한 서류로는 신분증, 소득 증명서, 주민등록등본 등입니다. 서류 준비가 완료되면, 해당 기관에 직접 방문하거나 온라인으로 신청할 수 있습니다.

3. 신청 후에는 심사를 거칩니다. 이 과정에서 추가 서류를 요구할 수도 있으며, 심사에 통과하면, 해당 주택에 대한 계약을 체결할 수 있습니다.

4. 계약체결 후에는 정해진 임대료를 납부하고, 주택에 입주하면 됩니다.

Q 주의할 점은 무엇인가요?

A 대출을 신청하기 전에 자신의 소득수준과 신용도를 충분히 고려해야 합니다. 대출 상환능력을 미리 파악하지 않으면, 나중에 상환에 어려움을 겪을 수 있습니다. 그리고 대출을 통해 마련한 자금을 사용할 때는 반드시 전세보증금으로 사용해야 하며, 이를 위반할 경우 법적인 문제가 발생할 수 있습니다.

Q LH 전세임대 대상자에 선정이 되었습니다. 이제 어떻게 집을 구하면 되죠?

A LH 전세임대 지원 대상자에 선정되면 지원 한도 금액 안에서 6개월 안에 집을 구해야 합니다. 실제로 LH 전세임대가 가능한 집을 찾아보면 내 마음에 드는 집을 쉽게 찾기는 하늘의 별 따기 수준만큼 힘들 수 있습니다. LH 전세임대 계약 체결이 가능한 주택은 다음과 같습니다.

1. 단독, 다가구, 다세대, 연립주택, 아파트, 주거용 오피스텔 등 공부상 용도가 주택으로 등재되어있는 경우만 지원 가능(오피스텔의 경우 공부상 업무용 시설로 되어 있더라도 주거용으로 실제 이용 시 확인 심사 후 예외적으로 지원 가능)

2. 공부상 전용면적이 85㎡ 이하인 주택(5인 이상 가구이거나 미성년자녀 3인 이상 가구는 85㎡ 초과 주택도 지원 가능)

3. 건물 및 토지가 등기되어 있고 건물 및 토지 소유자가 동일한 주택

4. 압류나 가압류 설정 등 소유권 행사에 제한이 있는 주택이 아닐 것

5. 대상자 및 배우자의 직계 존비속 소유의 주택이 아닐 것

6. 매입임대주택(우리 공사 소유 등) 및 공공지원 임대주택이 아닐 것

7. 전세임대주택 보증보험 가입이 가능한 주택(근저당 등 부채비율이 90% 이하)

8. 임대인이 SGI의 전세금 관련 보험사고자가 아닐 것(전세 사기 등 방지)

9. 부채비율 90% 이하인 주택 (총부채/주택가격 ≤ 90%)

일반전세자금대출의 경우 근저당이 있어도 전세 계약 잔금일에 근저당 말소조건으로 계약을 많이 진행하지만, LH 전세임대 경우에는 애초에 근저당이 없어야 심사 가능하고, 계약이 가능하므로 실무적으로 9번 조건 (부채비율 90% 이하인 주택) 때문에 LH 전세임대 집을 구하기가 어려운 게 사실입니다.

그리고 근저당이 없는 전셋집이더라도 보통 임대인들이 126%를 초과해서 전세보증금을 받고 있는 경우가 많은 게 현실입니다. 이럴 때는 초과하는 보증금에 대해서 월세로 전환하는 것도 하나의 방법입니다. 물론 임대인이 동의를 해줘야 합니다.

Q LH 전세임대가 가능한 집이 생각보다 많이 없는데, 어떻게 해야 하죠?

A 실제로 LH 전세임대 집을 찾다 보면 LH 전세 계약이 가능한 집도 많이 없을뿐더러 있다고 하더라도 여러 가지 조건이 맞지 않는 집만 남아서 계약을 고민하는 경우가 많습니다. 우선 LH 전세임대 포털을 통해 LH 전세임대가 가능한 집도 찾아보고 근처 부동산 사무실에 전화를 걸어 LH 전세임대가 가능한 집이 몇 개 정도 있는지 물어보면 좋습니다. 여러 부동산에 전화를 걸고 집을 보러 다니고 발품을 많이 팔아야 좋은 집을 찾을 수 있습니다. 한 동네에 보통 수십 개의 부동산 사무실이 있는데 모든 부동산 사무실에 다 전화를 해본다는 각오로 열심히 집을 찾다 보면 분명 마음에 드는 집을 찾을 수 있을 것입니다. 그리고 자신의 모든 조건에 맞는 집을 찾겠다는 생각보다는 1~2가지 조건 정도는 스스로와 타협하는 것이 바람직합니다. 모든 조건을 다 맞는 집을 찾다 보

면 그나마 괜찮았던 2순위 매물도 다른 사람이 계약해서 더 좋지 않은 조건의 집밖에 남지 않을 수 있기 때문입니다.

Q 드디어 마음에 드는 집을 찾았습니다. 계약 전 주의해야 할 사항과 가계약금을 미리 걸어야 하나요?

A 우선 계약 전에 반드시 공인중개사를 통해 집을 알아봐야 하고 주택 하자(누수, 곰팡이 등)를 반드시 꼼꼼하게 확인해야 합니다. 주택 하자 등의 내용은 세입자와 임대인이 직접 해결해야 할 사항으로 집주인의 주택 하자 수리 의무 등의 내용에 대해 계약 시 특약 사항으로 추가를 하는 것이 바람직합니다. 계약 기간 내 주택 하자로 인한 계약해지 요구는 LH에서 책임지지 않습니다.

그리고 LH 전세임대가 가능한 주택은 금방 계약이 됩니다. 마음에 드는 집을 찾았다면 공인중개사를 통해 가계약금을 소액(30만 원~50만 원)입금하면 됩니다. 대신, 'LH 전세임대 권리분석 승인이 나지 않을 때, 집주인은 즉시 세입자에게 계약금을 반환한다.'라는 특약을 넣어두어야 합니다.

참고로 전세금 반환 전 무단퇴거(주민등록 전출)는 절대 해서는 안 됩니다. 전세금 반환 전에 무단퇴거를 하게 되면 지원 자격 박탈과 대항력 상실에 따른 LH 손해 발생 시 모든 책임은 세입자에게 청구될 수 있기 때문입니다.

05

다가구 주택 계약 시, 이것 주의하자

다가구 주택은 호실마다 개별등기가 되어있지 않습니다. '개별등기가 되어있지 않다'라는 말은 해당 건물에 세입자가 나 말고도 많다는 말이기도 합니다. 즉, 여러 사람에게 임대를 놓는다는 의미입니다. 그래서 월세 계약이든 전세 계약이든 아주 주의를 기울여야 합니다. 해당 건물의 시세 파악이 정확하게 되지 않거나 선순위 보증금이 정확히 얼마인지 파악할 수 없다면 계약을 피하는 것이 좋습니다.

Q 계약하려고 하는 집이 다가구주택인지 아닌지 확인하는 방법이 있나요?

A 세움터 홈페이지에 접속해서 다음과 같은 경로를 따라가면 됩니다.

'민원서비스 - 건축물대장 발급 - 건축물 소재지 입력 - 일반건축물 또는 다가구 선택 - 신청할 민원 담기 - 건축물대장 발급 신청 - 발급'

위와 같이 건축물대장을 발급해보면 해당 건물의 층수에 따라 용도를 파악할 수 있습니다. 예를 들어 1층 - 주차장, 2층부터 5층까지는 제2종 근린생활시설, 6층부터 8층까지는 다가구주택 이렇게 층수별로 용도가 다르게 되어있습니다. 계약하려는 건물의 층수에 따라 용도가 다르며 실제 2종 근린생활시설이라고 등록되어있는 층수에 직접 가보면 다가구주택 층과 동일하게 주거용으로 사용하는 일도 아주 많습니다. 그러므로 건축물대장을 통해 다가구 주택 여부를 확인하고 실제 건물을 방문하여 한 층에 몇 개의 세대가 있는지 파악해보는 것도 중요합니다. 이런 부분을 정확히 공인중개사를 통해 확인하면 더욱더 좋습니다.

만약 계약하려고 하는 집이 다가구 주택이라면 우선 자신보다 먼저 전입신고를 한 세입자가 몇 명인지, 보증금 총액은 얼마인지 반드시 확인해야 합니다. 전입신고를 먼저 한 세입자가 선순위 세입자이며, 전입신고를 먼저 하고 확정일자까지 받은 선순위 세입자의 보증금을 선순위 보증금이라고 합니다. 선순위 세입자 숫자와 선순위 보증금이 중요한 이유는 나중에 해당 건물이 경매나 공매가 진행될 경우 먼저 임차한 순서대로 보증금을 돌려받을 수 있기 때문입니다.

예를 들어 다가구 주택에 A, B, C, D, E, F 모두 6명의 선순위 세입자가 있다고 가정해봅시다. 선순위 세입자의 전세보증금은 각 1억 원씩이고, 총 선순위 보증금은 6억 원입니다. 이런 다가구 주택에 내가 1억 원에 전세 계약을 체결한 후 해당 건물이 경매에 넘어가 5억 원에 낙찰된다면 A부터 E까지는 보증금을 돌려받을 수 있지만, F와 나는 보증금을 전부 돌려받지 못할 가능성이 매우 큽니다. 더불어 만약 선순위 세입자보다 우선하는 선순위 근저당이나 미납세금 등이 있다면 모든 세입자가 보증금을 전부 돌려받지 못할 위험에 처하게 됩니다. 그래서 다가구 주택을 계약하기 전에 선순위 근저당과 선순위 세입자 보증금 합계를 정확하게 알아야 하고 다가구 주택의 시세도 꼭 파악해야 합니다.

계약을 체결하기 전에 공인중개사를 통해 세입자별로 선순위 보증금을 확인해달라고 하면 좋습니다. 공인중개사도 집주인에게 세입자별로 선순위 보증금을 얘기해달라고 요청은 할 수 있지만, 임대인이 구두 상으로 얘기하는 것을 마냥 믿을 순 없습니다. 그래서 계약서 작성 전에 전입세대 확인서를 집주인에게 요청하여 선순위 세입자가 몇 명인지 파악할 수 있습니다.

확정일자 부여현황도 함께 확인할 수 있도록 요구하면 됩니다. 다만 확정일자 부여현황에서 선순위 세입자 보증금이 모두 나오는 것은 아닙니다. 건물주소로 확정일자 부여현황을 발급하면 선순위 세입자 보증금이 나오지 않고, 집주인이 세입자 성명과 개인정보를 신청서에 기입하여 요구해야 세입자별로 선순위 보증금이 나오는 서류를 발급받을 수 있습니다. 문제는 공인중개사가 이렇게 요청해도 집주인이 "옛날에는 안 그랬는데 요즘 왜 그렇게 서류 떼오라는 게

많냐. 난 보증금 떼먹고 안 한다. 그냥 계약하자."라고 말하며 비협조
적인 경우가 종종 있습니다.

선순위 보증금을 제일 정확하게 확인하는 방법 중 하나는 집주인
이 계약한 호실의 모든 계약서를 다 첨부해서 계약 당시에 오는 것입
니다. 그러면 집주인도 동사무소가서 세입자별로 확정일자 부여현
황을 발급받을 필요도 없고 계약서로 세입자에게 모두 보여주면 편
하기 때문입니다. 더불어 선순위 보증금과 함께 임차 기간에 대해 더
자세히 알 수 있습니다.

Q **다가구주택 임대차계약 시, 또 주의할 것은 없나요?**

A 최우선변제금만 무작정 믿고 계약해도 안 됩니다. 예를 들어 A,
B, C, D, E 5명의 선순위 세입자가 있다고 가정하고 각각 보증금
은 1천만 원이며, 최우선변제 소액보증금 적용 범위는 6,000만
원, 최우선변제금은 2,000만 원이라고 가정해봅시다. 그리고 해
당 주택이 4,000만 원에 경매에 낙찰이 되었다면 낙찰가의 1/2
범위 내에서 최우선변제가 이뤄집니다. 그렇다면 2,000만 원으
로 A부터 E까지 5명이 나눠 가져야 하는 상황이 발생합니다. 한
세입자당 400만 원밖에 최우선변제가 되지 않는 것입니다.

일반 공동주택의 경우 계약하려고 하는 세대의 전입신고는 계약
자 1명 하고 계약하므로 낙찰가의 1/2 범위 내에서 최우선변제가 이
뤄져도 다른 세입자와 나눠 가질 필요가 없지만, 다가구 주택은 하나
의 건물에 여러 세대가 전입신고가 되어있으므로 낙찰가의 1/2 범위

내에서 다른 최우선변제 적용 세입자와 1/N이 되는 것입니다. 낙찰가가 높다면 상관없겠지만, 낙찰가가 낮고 세입자가 많다면 최우선변제금으로 보증금을 회수할 수 없는 상황이 올 수 있으니 주의해야 합니다.

06

이사 때 놓친 장기수선충당금, 이렇게 돌려받자

이사 갈 때면 항상 놓고 간 것은 없는지 찜찜한 마음이 남습니다. 그런데 그 두고 간 짐에 돈이 있으면 어떨까요. 전월세 가격도 만만치 않은데 내지 않아도 될 돈도 냈다면 세입자 편에서는 더욱 화가 날 것 같다는 생각이 듭니다. 어떤 돈이 숨어있는지만 알고 있다면 찾는 과정은 생각만큼 어렵지 않습니다. 이사 전에 미리 환급금을 챙겨 집주인과 얼굴 붉히는 일이 없으면 좋을 것 같습니다. 그래서 이 장에서 다룰 주제는 놓치기 쉬운 '이사 환급금'입니다.

먼저 임대차계약을 맺은 세입자라면 '장기수선충당금'에 대해서 숙지하고 있어야 합니다. 공동주택관리법에 따라 공동주택의 관리주체가 장기수선계획에 따라 공동주택의 주요 시설의 교체 및 보수에 필요한 금액을 해당 주택의 소유자로부터 징수해 적립하는 것을 장기수선충당금이라고 말하는데, 이 장기수선충당금은 그동안 관리비에 숨어있어 정체도 알 수 없던 돈입니다. 세입자가 집주인 대신 낸 돈이니 이사 갈 때 반환을 요구해야 하는 돈입니다.

300가구 이상의 공동주택, 150가구 이상으로 승강기가 설치되거나 중앙집중식 난방방식을 사용하는 공동주택 등이 이에 해당합니다. 현행법에서 장기수선충당금의 납부 의무자는 해당 주택의 소유자입니다. 관리비 납입 영수증을 자세히 보면 장기수선충당금 항목이 포함돼 있습니다. 그런데 임차인은 납부 의무자가 아닙니다. 정해진 기간 내 머무는 세입자에게 미래의 수선비용을 내라고 요구하는 것은 부당합니다. 그러므로 법에서는 납부 의무자가 아닌 세입자가 이를 부담했다면 이사할 때 정산을 받을 수 있도록 규정하고 있습니다.

Q 그렇다면 세입자가 매달 내는 장기수선충당금은 얼마나 될까요?

A 공동주택관리 정보시스템(K-apt)에 따르면 2024년 전국 공동주택의 평균 관리비는 전용 84㎡ 기준 27만1,068원입니다. 이때 장기수선충당금은 2만2,008원으로 관리비의 약 12%를 차지하고 있습니다. 2년이면 52만8,192원, 4년이면 105만6,384원이나 쌓이게 되는 것입니다.

일반적으로는 이사 나갈 때 관리사무소에서 장기수선충당금을 모두 정산해 줍니다. K-apt 사이트에서 직접 검색해봐도 됩니다. 집주인에게 이 내역을 보여주고 전세보증금과 함께 모두 돌려받으면 됩니다.

이사 전이라면 관리사무소에서 납부확인서를 받고 집주인에게 전입일부터 전출일까지 부과된 금액 정산을 요구할 수 있습니다. 세입자가 납부확인을 요구하는 경우 관리 주체는 즉시 확인서를 발급해야 한다는 것을 현행법에서 명시하고 있기 때문입니다.

Q 집주인이 바뀐 경우에는요?

A 거주하는 기간 중 집주인이 바뀔 때도 있습니다. 이런 상황이라면 관리 주체에게 받은 확인서를 바탕으로 분할해 당시 소유자에게 요구하면 됩니다.

Q 이사 후 알게 된 경우에는요?

A 이사 이후에 이 사실을 알았더라도 시행령에 따라 정산을 요청할 수는 있습니다. 다만 집주인이 이에 응하지 않는다면 민사상 분쟁으로 넘어가고 소송을 통해 해결해야 한다는 번거로움이 있습니다. 소멸시효는 10년으로 최대 10년까지 청구 가능합니다.

다만 계약을 맺을 당시 '장기수선충당금은 임차인이 부담한다'라는 특약 사항을 기재했다면 반환을 요구할 수 없습니다. 집이 경매로 넘어간 경우엔 낙찰자에게 장기수선충당금을 청구할 수 있습니다. 하지만 임차인이 대항력을 행사하지 않고 우선변제권을 행사해 임대차 관계가 종료됐다면 장기수선충당금은 돌려받지 못합니다.

참고로 매매거래 시에도 챙겨가야 하는 돈이 있습니다. 바로 관리비 예치금입니다. 관리비 예치금은 관련 법에 따라 공동주택의 공용부분 관리 및 운영 등에 필요한 경비를 말하며 공동주택의 소유자로부터 징수하는 것을 말합니다. 선수관리금이라고도 부르며 새로 입주를 하면 일종의 보증금처럼 미리 내는 관리비인 셈입니다.

통상적으로 매매 계약 시 매도인이 새로운 매수인에게 받고 또 다음 매수인에게 받아가는 형태의 거래를 합니다. 따라서 아파트에서 이사하는 경우, 관리사무소에 문의해 관리비 예치금을 확인하고 다음 오는 매수인에게 잊지 말고 받아야 합니다.

07

전세 사기 피해자로 인정받으면 어떤 도움을 받을 수 있나?

전세 사기 특별법이란 전세 사기 피해 지원을 위한 법으로 2023년 6월 1일부터 시행됐습니다. 하지만 당시 피해자 인정 범위가 너무 좁고 지원이 부족하다는 지적이 많았습니다. 이를 반영해 2024년 11월 11일부터 더 폭넓은 지원을 제공할 수 있는 개정안이 시행됐습니다. (한시법으로 제정돼 시행 후 2년간 적용됩니다.)

Q 구체적으로 어떻게 개정되었나요?

A 종전에는 보증금이 3억 원 이하일 때만 피해자로 인정되었는데, 현재는 5억 원 이하까지 인정받을 수 있습니다. 시·도별 피해자 요건을 고려해 피해지원위원회의 심의를 거치면 7억 원 이하 보증금도 피해자로 인정받을 수 있습니다.

그리고 기존 세입자가 보증금을 돌려받지 못한 상태에서 새로운 세입자가 전세 계약을 맺고 피해가 발생했다면, 즉 이중계약으로 보증금을 잃은 사람도 피해자로 인정받을 수 있습니다.

Q 전세 사기 피해자로 인정받으면 어떤 도움을 받을 수 있나요?

A '전세 사기 특별법'에 따른 피해자로 인정받거나, HUG의 전세 사기 피해 확인서를 발급받으면, 무료 법률 상담부터 저리 대출, 공공임대주택 제공 등 다양한 지원을 받을 수 있습니다.

먼저 살던 집에서 최대 20년 더 살 수 있습니다. 전세 사기로 인해 집주인이 보증금을 돌려주지 않으면 해당 집은 경매로 넘어갑니다. 2024년 11월부터 한국토지주택공사(LH)는 피해자 대신 경매에 참여해 피해 주택을 감정가보다 저렴하게 낙찰받은 뒤 피해자들에게 10년간 무상 임대로 제공하고 있습니다. 이후, 시세의 30~50% 임대료를 내고 추가 10년 동안 거주할 수 있습니다.

그리고 집을 나와야 하는 세입자라면 LH가 매입한 주택의 감정가에서 낙찰가를 뺀 금액을 받을 수 있습니다. 이 경매차익은 보증금 손실을 메우는 데 큰 도움이 됩니다.

또 피해자는 다른 공공임대주택을 우선 공급받거나 이사할 때 임대료 지원을 받을 수 있습니다. (지원을 받지 않고 경매차익을 일시 지급받는 방법도 선택 가능합니다.)

공공임대주택 대신 민간주택으로 이사하고 싶은 피해자는 LH가

대신 전세 계약을 맺어주는 전세 임대 제도를 이용할 수 있습니다. 이 경우 10년간 무상 거주가 가능해 안정적인 주거를 보장받을 수 있습니다.

단, 전세 사기 피해자로 인정받기 위해서는 다음 4가지 요건을 갖춰야 합니다.

1. 주택의 인도와 주민등록(전입신고)을 마치고 확정일자를 갖춘 경우
※ 임차권등기를 마쳤거나 전세권을 설정한 때도 인정

2. 임대차보증금이 5억 원 이하인 경우
※ 시도별 여건 및 피해자의 여건을 고려하여 2억 원의 상한 범위 내에서 조정 가능

3. 다수의 임차인에게 임대차보증금반환채권의 변제를 받지 못하는 피해가 발생하였거나 발생할 것이 예상되는 경우
※ 임대인의 파산 또는 회생절차 개시, 임차주택의 경매 또는 공매절차의 개시(국세 또는 지방세 체납으로 인한 임차주택이 압류된 경우 포함), 임차인의 집행권원 확보 등

4. 임대인이 임차보증금반환채무를 이행하지 아니할 의도가 있었다고 의심할만한 상당한 이유가 있는 경우
※ 임대인 등에 대한 수사 개시, 임대인 등의 기망, 보증금을 반환할 능력이 없는 자에 대한 임차주택 소유권 양도 또는 임차보증금을 반환할 능력 없이 다수의 주택을 취득하여 매입

위 4가지 요건을 모두 충족하면 특별법상 규정하는 모든 지원(경·공매 절차 지원, 신용회복 지원, 금융 지원, 긴급 복지 지원)이 가능합니다.

2번, 4번 요건만 충족하면 특별법상 일반 금융 지원 및 긴급복지 지원이 가능(경·공매 특례 없음)합니다.

1번, 3번, 4번 요건만 충족하면 세금체납액을 개별주택별로 안분하고, 주택 경매 시 해당 주택의 세급체납액만 분리 환수하는 특별법상 조세채권안분 지원이 가능합니다. 다음 표를 참고합시다.

피해자 요건	지원제도
• 주택 인도+전입신고+확정일자 갖춘 경우 • 보증금 5억 원 이하 • 피해자 다수 발생 • 집주인이 보증금 미반환 의도가 있다고 의심할 만한 상당한 이유가 있는 경우	• 법률·금융·주거 지원 • 경·공매 지원 • 조세채권안분 및 긴급 주거복지 지원 • 신용회복 • 세금 감면
• 보증금 5억 원 이하 • 집주인이 보증금 미반환 의도가 있다고 의심할 만한 상당한 이유가 있는 경우	• 법률·금융·주거 지원 • 신용회복 • 조세채권안분 및 긴급 주거복지 지원
• 주택 인도+전입신고+확정일자 갖춘 경우 • 피해자 다수 발생 • 집주인이 보증금 미반환 의도가 있다고 의심할 만한 상당한 이유가 있는 경우	• 법률·금융·주거 지원 • 조세채권안분

Q 전세 사기 특별법 적용제외 대상은 어떻게 되나요?

A 다음과 같습니다.

보증가입	임차인이 주택임대차보증금 반환보증 또는 보험에 가입했거나, 임대인이 임대보증금 반환을 위한 보증가입을 한 경우
최우선변제	보증금 전액이 「주택임대차보호법」 제8조 제1항에 따라 최우선변제가 가능한 소액임대차보증금보다 같거나 적은 경우
자력회수	대항력 또는 우선변제권 행사를 통해 보증금 전액을 자력으로 회수 가능한 경우

전·월세가 처음인 세입자가 꼭 알아야 할
부동산 상식사전

초판 1쇄 인쇄	2025년 2월 19일
초판 1쇄 발행	2025년 2월 27일

지은이	오봉원
기획	잡빌더 로울
펴낸이	곽철식
디자인	임경선
마케팅	박미애

펴낸곳	다온북스
출판등록	2011년 8월 18일 제311-2011-44호

주 소	서울시 마포구 토정로 222 한국출판콘텐츠센터 313호
전 화	02-332-4972
팩 스	02-332-4872
이메일	daonb@naver.com

ISBN 979-11-93035-60-3(03410)